ドボク
DOBOKU
サミット
SUMMIT

DOBOKU SUMMIT EXECUTIVE COMMITTEE

MUSASHINO ART UNIVERSITY PRESS CO., Ltd.

CONTENTS

ドボク・サミットは、2008年6月
15日（日）午後2時より5時まで、
東京都小平市にある武蔵野美術大
学1号館104教室にて開催された。

PRESEN

TATION

DAM

DOBOKU SUMMIT PRESENTATION Vol.1

Hagiwara Masaki

萩原雅紀

みなさん、はじめまして。僕ら「ダム好き」がどんなところを見ているのか、大まかに紹介したいと思います。

僕がダムにはまって、全国のダムを見てまわるはめになったきっかけは、約10年前に神奈川県にできた宮ヶ瀬ダム (1) です。たまたま友達とこの近くで遊んでいたときに、どっか行こうよという話になって、友達が「この先でダム造ってるよ」。行ってみたら工事中で本体はぜんぜん見られなかったんですね。そのあと、友達はぜんぜんはまらなかったんですけど、僕だけ、1年間くらいずーっと、2カ月に1回くらいアタックしたんですが、通行止めのままで。

1年くらいたって、いきなり目の前にこの光景がドーンと現れて「ちょっと、これは、すごいぞ!」と。

で、当然、他のダムも見たくなったんです。こんなすごいダムが世の中にあるんなら、他のダムはどんなにすごいんだろう。

ちょうど当時インターネットが出はじめた頃で、佐藤先生の水門の〈Floodgates〉と、林雄司さんの〈ガスタンク2001〉というサイトがすごく好きだったんですね。こんな変なことやっている人がいるなんて…水門やガスタンクに比べたらダムのほうがメジャーかなぁと思ったんで、誰か撮ってるだろうと思ったんです。

ずいぶん探したんですけれど、誰もダムを撮っていなかったんですよ。たまーに「ダム行ってきました」 って見つけると、みなさん湖を撮っていて、そっちじゃねーんだよっ! …しょうがないなぁ、じゃあ、自分で見てまわるかっていうかんじで。当時カメラをもっていなかったので、ヤフオクで中古のデジカメを1万円くらいで買って、というのが最初のモチベーションでした。

最初は探し方もわからないんで、近場の地図に「ダム」っていう表記があったら、そこに行ってみるっていうことを繰り返しました。だんだん、いろいろなことがわかってきてまず、コンデジ(コンパクトデジタルカメラ)じゃ全景撮影はぜんぜん無理だっていうこと。あまりに大きすぎるんで、ワイドが足りなくて、始めてから2年くらいで一眼レフを買うことになってしまって。僕はカメラにはまったく興味はなかっ

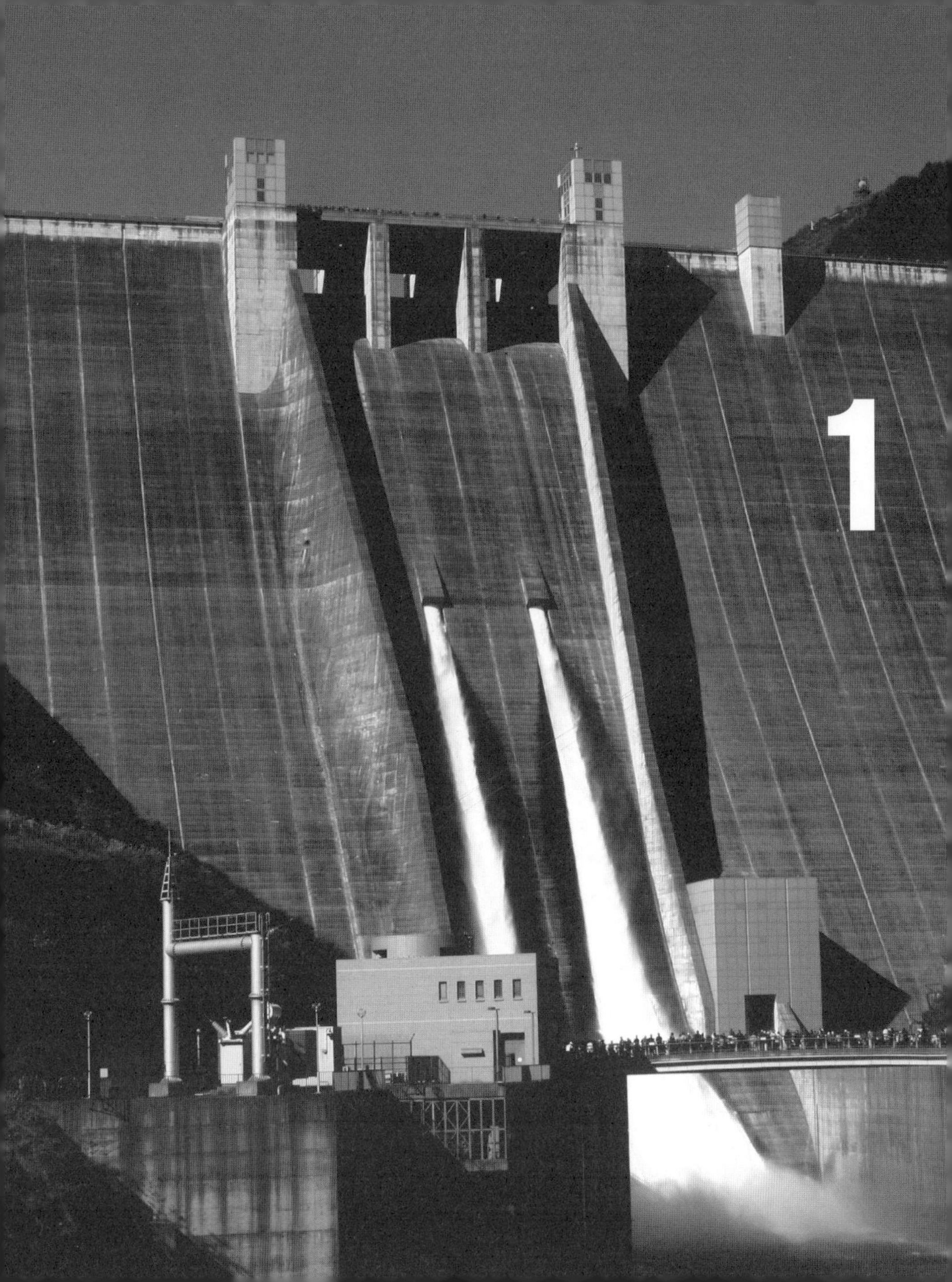
1

たんですけれど、ダムのためにカメラを買うことになってしまった、というかんじです。
スペック（高さがどれくらい、水はどれくらいためられるのか）とか、どんな役割をもっているのかとかを調べるのも楽しいけど、何より、デザインが一個一個、すべて違うというのが、「次を見せろ、次を見せろ」という欲求をすごく駆り立てたんです。もう、見れば見るほど形が違うダムがいっぱい出てくるので、戦隊ヒーローものとかで、新しい怪獣が次々と出てくるみたいな、そういうワクワク感が最初の頃はすごくありました。

1　宮ケ瀬ダム

ダムを見るきっかけとなった宮ヶ瀬ダムは高さが156メートルくらいあって、関東ではいちばん大きいダムです。続いて宮崎県にある九州電力の3つのダムを紹介します。

2　上椎葉《かみしいば》ダム

日本ではじめて造られたアーチ式という形式で、日本ではじめて高さが100メートルを超えたダムなんですね。このダムの面白いところは、湖の水が溢れそうになったときに、ここの滑り台みたいなところから水を流すんです（a）。左右両方にウォーターシュートみたいなのがあるんですね。これはダム用語でいうと、スキージャンプ式の洪水吐《こうずいばき》という構造です。九州電力は、上椎葉ダムを造った10年後に、もっと大きいアーチ式の一ツ瀬ダムを完成させたんです。

2
d

3　一ツ瀬ダム

このダムも、いちばん端の右側と左側にスキージャンプをもっています。スキージャンプのついているアーチ式ダムってそんなに多くなくて、やっぱり上椎葉ダムとおそろいにしたかったんじゃないの？ と思います。

もうひとつ一ツ瀬ダムのカッコイイところがあって、水門がグレーで見えてるんですけど (b)、これを開け閉めする機械が、ここに窓がついていますが (c)、この部屋の中に入っているんですね。他のダムではどうなってるかというと、たとえば上椎葉ダムだと、この水門の上に巻き上げ機がついているんですね (d)、だから構造的にボコッと出っ張らざるをえない (e)。巻き上げる歯車を置くために、本体よりも高くなってしまう。

しかし、一ツ瀬ダムはどういう設計をしたのか、本体と機械室の屋根が水平なんですよ、ここが擦り切ったようにぴっしりと水平！ (f)。これを発見したときに、こ、このダム、タダモンじゃねーぞ！ このダムを設計した人のこだわりはなんだろうって、すごく興奮しました。

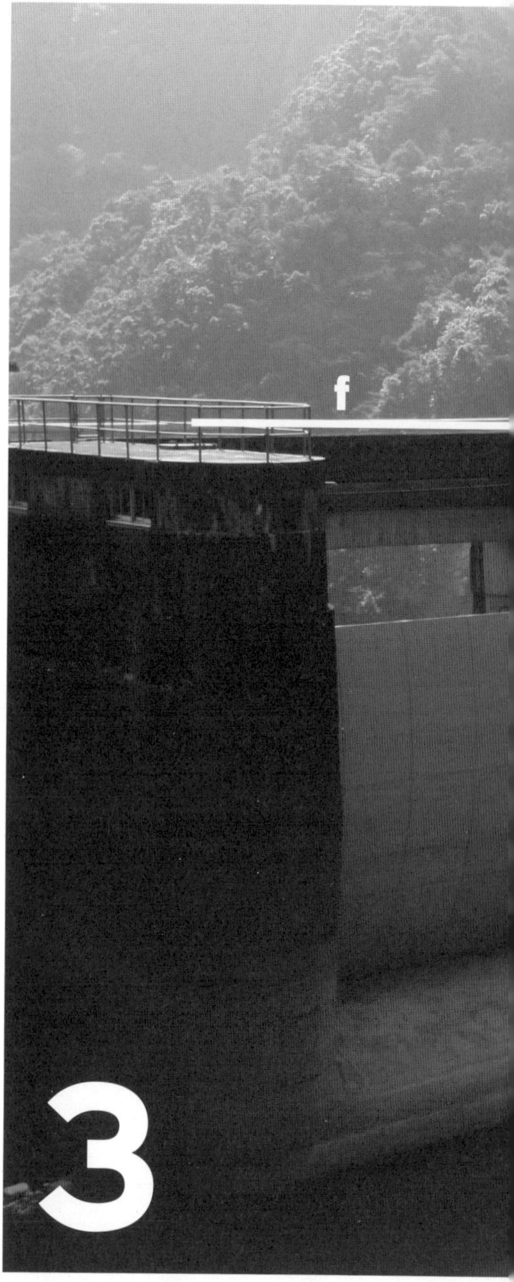

c
b

4　杉安ダム

続けて杉安ダム、一ツ瀬ダムのすぐ下流にあります。一ツ瀬ダムは発電用なので、昼間大量に水を下流に流して発電するんですけれど、夜はあんまり流さないんで、川の水量に増減が出ちゃうんです。それで下流に造った杉安ダムで一定量ためて、水量を安定させるということをしています。

杉安ダムは小さいのでアーチ式で設計しなくても、重力式っていう、もうちょっと簡単に造れる方式で造ったら、コンクリート量もそんなにかからずに造れると思うんですけど、わざわざアーチ式で造っている点が、やっぱりこのへん全部おそろいにしたかったんじゃないかなぁ…九州電力、相当アツイぞ！ と考えて、一ツ瀬川を上り下りしながら一人で大コーフンしてたわけです。

5　苫田《とまた》ダム

いま国交省でいちばんアツイのが、できたばかりの苫田ダム。丹下健三さんが造ったんじゃない？ っていうぐらいのコンクリートの使い方です。水が溢れたときにてっぺんのところから超えられるようになっていて、そこがギザギザになっている（g）。これは専門的にいうと単位幅あたりに乗り超えられる水の量を確保するために距離をかせいでいるんですけれども、こんな構造を採用しているダムは他に見たことがありません。しかも名前が「ラビリンス式洪水吐」、すごく無駄にカッコイイ名前がついています。

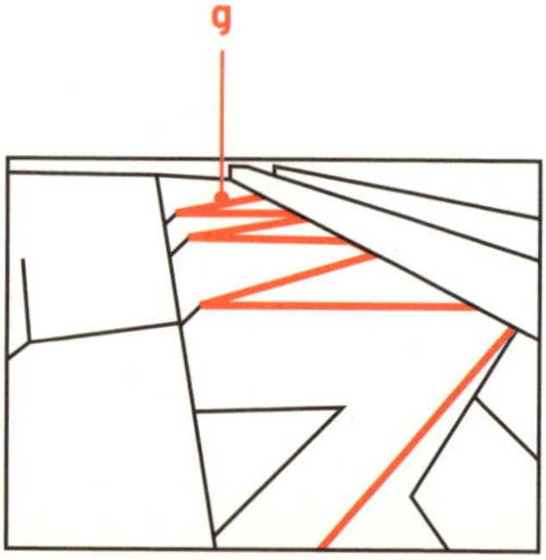

4

5

6　有峰ダム

これは北陸電力のエースといっていい有峰ダムです。重力式っていうどしーんとコンクリートの重さで水を支えるダムなんですけれど、それにしては、くねっとなっていたりして (h) なかなかかっこいいダムでして。

第二次大戦前に、富山県が同じ場所でもっと小さいダムの建設をやっていたんですね。ところが戦争になって、その場が放棄されてしまって、戦後、その荒れていた現場を北陸電力が引き継いで、もっとでかいダムを造って発電しましょうとなって、高さを嵩上げしてしまったので岩盤と接続する部分がずれて、むりやり岩盤と合わせるために、ぐにゃっと曲げたという力技で、でもかっこいいダムです。

7　小里川《おりがわ》ダム

これは岐阜県にある国交省の小里川ダム。ここから水が放流されるんですが (i) 、水がよそのほうに流れていかないように仕切りの壁を建てるんです。普通はただ壁を建てるだけなんですが、ここはどういうわけかぶっとい円柱を埋め込んで (j) 神殿みたいにしている。国交省がこのデザインにゴーサイン出したというだけで中央省庁再編は間違ってなかったなぁ。あと、この円柱のところが、ベランダになっていて上まで行けるんですよ。上から見るとこう (p.6) すごい光景が撮れるんで、ここもぜひどうぞ。

8　深城《ふかしろ》ダム

建造物なんて本体だけ見ればいいかなと思ってたんですが、造っている場所が場所なので、まわりの雰囲気も全部見て「デザイン」なのかなぁと最近、思いはじめました。道路以外、何もないところに、ダムだけがあるので、ダムだけじゃ成立しないなぁ、山とか緑とか含めて、このヘンな雰囲気をつくっているんじゃないかなぁと思いはじめています。

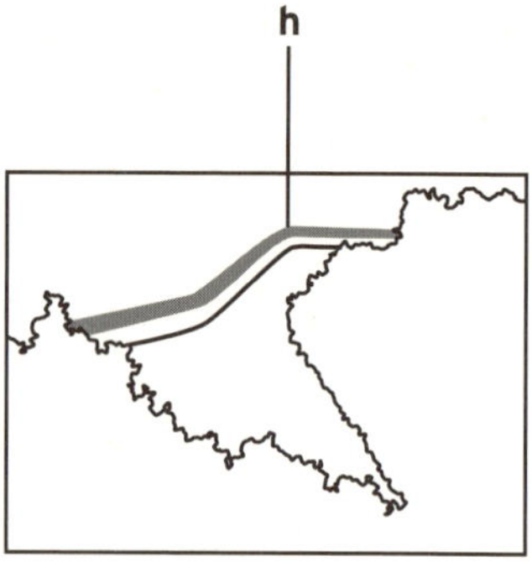

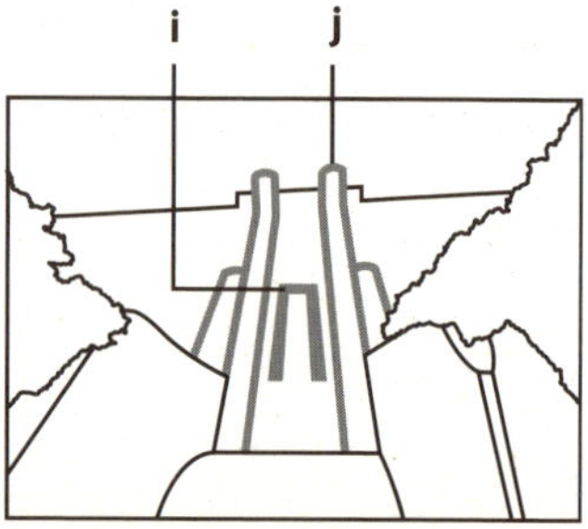

6

7

8

9　南相木《みなみあいぎ》ダム

最近できた南相木ダム。これもそうですね、まわりの雰囲気も含めてということで。細い山道をくねくねくねくね上っていくと、突然こんな白い岩山がドーンと目の前にきて、いつのまにか終点になっちゃうという天国なのか地獄なのかよくわからない光景ですね。

10　石淵ダム

これをぜひ今日はお話したかったんです。昨日（2008年6月14日）、地震がおきて、岩手県でたいへん大きな被害が出ました。地震の震源がこのダムのすぐ近くです。ロックフィルダムという単に石と岩を積み上げただけで水を堰き止めて、裏側はコンクリートの壁になっているんですけれど、本体は石と岩を積み上げただけなんですね。で、今回の地震の揺れがひどくて、いちばんてっぺんのここが（k）ぐにゃぐにゃになってしまったんだそうです（その後の調査で安全性に問題のないことが確認された）。

このダムができたのは戦後すぐのことで、当時は物資が少なくてあまり大きなダムが造れなかったんです。このダムができても、渇水とか洪水が頻繁に起きてしまう。いまの技術をもってすればもっと大きなダムができるわけで、このダムの2キロくらい先に数倍の大きさのダムを建設中です。

その建設中の胆沢《いさわ》ダムの現場で、昨日の地震で1人亡くなりました。新しいダムが5年後にできてしまうと、このダムは水没してしまうんです。さらに今回の地震の仕打ちを受けた気の毒なダムなので、みなさん沈む前にぜひ応援にいってください。

P.6 小里川ダム（岐阜県／国交省）
1　宮ヶ瀬ダム（神奈川県／国交省）
2　上椎葉ダム（宮崎県／九州電力）
3　一ツ瀬ダム（宮崎県／九州電力）
4　杉安ダム（宮崎県／九州電力）
5　苫田ダム（岡山県／国交省）
6　有峰ダム（富山県／北陸電力）
7　小里川ダム（岐阜県／国交省）
8　深城ダム（山梨県／山梨県）
9　南相木ダム（長野県／東京電力）
10　石淵ダム（岩手県／国交省）

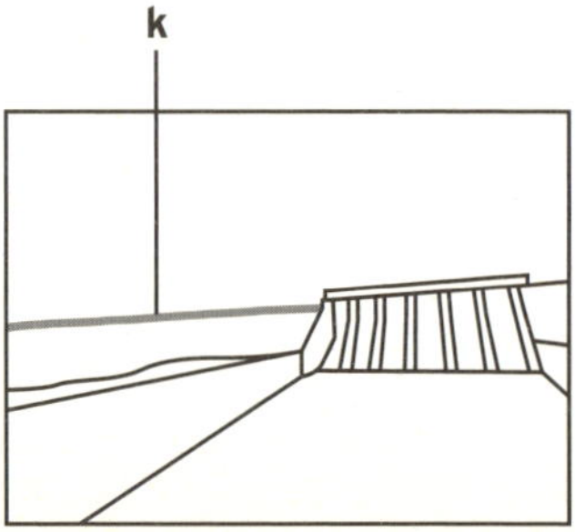

DANCHI

DOBOKU SUMMIT PRESENTATION Vol.2

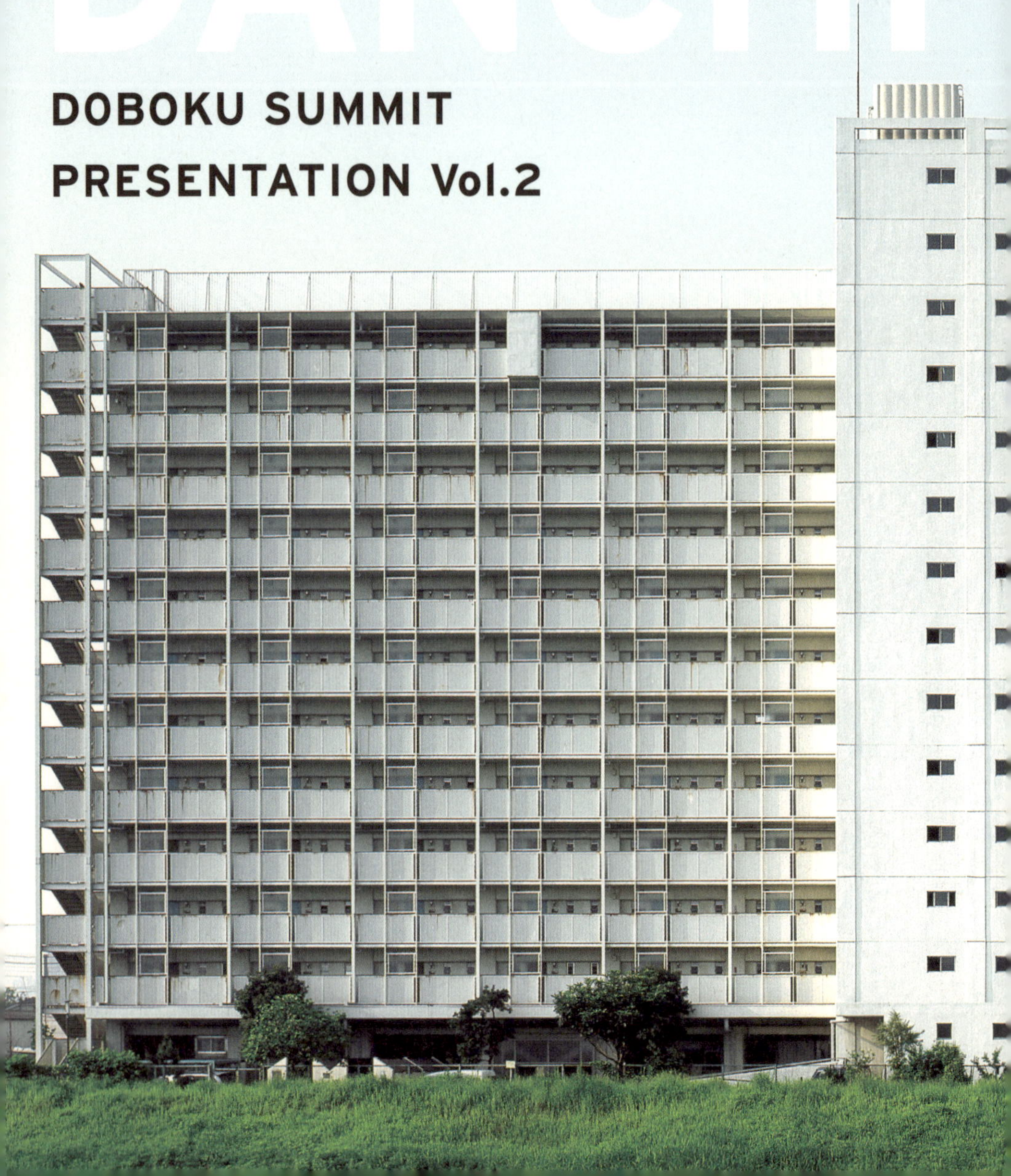

Ken Ohyama

大山 顕

出っ張るがままにまかせる

1

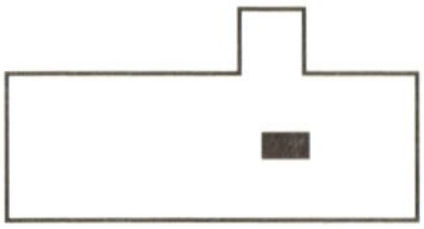

バランス感覚とかない

2

団地はオシャレを知らない

建築と土木の間には、超えられない深い溝があって…団地は、その境界線にあるものではないかと思っています。建築は建築家の署名がついていたり、施工は誰、設計は誰とすぐわかるんですけれども、団地は調べてもほとんどわからない。かつ、団地はオシャレをまったく知らないんですね。

いつも団地素人にはこれをいちばん最初に見せるんです（1）。建築だったら立面をデザインして、出っ張りそうなものを中に収めるはずなんですけれども、そんなのは知らな～い、出っ張るものは出っ張ってるまま。「バランス感覚」とかぜんぜんない（2）。どう考えてもおかしい、まんなかのタワー、大きすぎるでしょ。

とはいえ、ちょっと洒落てみようかなと思うんだけど（3）、大失敗っていうかんじ。そこが僕はすごく「いじらしい」と思っています。

団地は「威圧感を軽減」とか、そういうのにまったく興味がないんです。小手先のデザインには興味がない。大きいものは大きいままに、小さいものは小さいままに、小さくても大きいものとまったく同じ意匠のままいってしまうところがいいですね（4）。

微妙なおしゃれのことを
人は「個性的」と言います

3

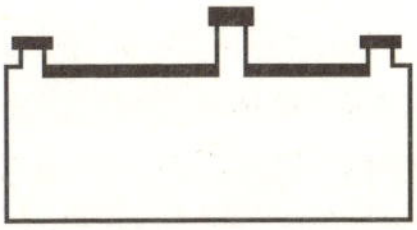

「威圧感を軽減」とか
そういう小手先のデザインに興味がない

4

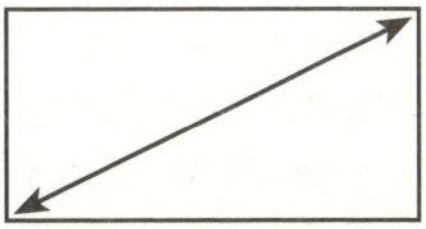

こじゃれたビルにはこのいじらしさを見習ってほしいと思っております。

団地鑑賞入門

団地というと、すぐに生活感とか歴史とかいう輩がいますけれども、そういうのはうっちゃっておいてください。眼がくもります。みんな、ああ団地ねっていうんだけれども、誰も団地の形を見ていないんです。形だけを見る、それに専念することが必要です。

もし写真を撮る方がいたら3点に気をつけてください。

① 正面から撮る
② 薄曇りの日に撮る
③ なるべく通路側を撮る

へんに下からあおったりすると、すぐ「団地物語」になるので注意してください。

僕は薄曇りの日に撮ることにしています。影が濃く写るとすぐにまた「団地物語」になっちゃうんで。ベランダ側はふとん干したりしていて、それが気になるんで通路側を撮りましょう。

「おでき」と「タワー」に注目!

今日は初心者向けに、団地鑑賞をするうえでわかりやすいポイントを教えます。

僕は「おでき」と呼んでいますが、さっきのです (1)。どうして出っ張っているんでしょうか、わかりません! これも出っ張ってます (5)。あまつさえピンク色! 出っ張ったうえに強調する意味はまるでないと思うんですが、なぜか目立たせていますねぇ。

エレベータータワーが団地のひとつの特徴なので、「タワー」について云々できるようになったら団地マニアとして一人前です。

これを僕は王様タイプと呼んでいます (6)。なぜなら王冠をかぶっているようだから。

もうひとつの王様タイプ、新田住宅 (3) が西葛西にはあります。ふたつの王家がしのぎを削っている西葛西を、僕は団地界の「王家の谷」と呼んでいます。

これはですねぇ、どうして上に時計がないのか (2)。中に入ってもタワーが大きい理由はさっぱりわかりません。

さわやかな印象を裏切るタワー!

ご存じ高島平団地 (7)。タワー部だけを目立た

6

7

8

せる配色です。最近、塗り替えられて、みっともない色になってしまいました。
ボディーは小柄なのに、タワーは相変わらず大きいというのが団地の特徴です。先日、(コラムニストの) 山田五郎さんと一緒に番組に出たんですが、山田さんはこれ (9) を見て、身長150センチ以下でEカップの女の子だとおっしゃいました。

「テクスチャ」を見逃すな

次は表面の手触り感、テクスチャを見ます。これは都営のアパート (8)、鉄筋コンクリートで14階建てでも都営は「アパート」といいます。
柱と梁が前面に出ていて、バルコニーが後ろにきている形を僕はワッフルタイプと呼んでいます。
渋谷駅の銀座線を降りていったところにベルギーワッフルの店があって、ワッフル臭がすごいんですが、あそこにいくたびにこれが思い浮かぶんですよねぇ。ワッフル・テクスチャを見たら、都営だなというのを今日は覚えて帰ってください。
これももうみなさん都営だなとわかりますね (10)。下の方がちょっと褐色になっているで

10

11

しょう、1階から4階まで。なんででしょうね。一説によると、昔、手前の川の水面がここまであったとまことしやかに伝えられています。

だんだんわかってきて、あ、これも都営だねってなったら（11）、間違いです。まーだまだです。これは公団が開発したかなり初期のものでして、集合住宅の歴史を読んでいると必ず出てくる大島四丁目団地。

テクスチャでいうと、2階おきに通路が走っていて、エレベーターがその通路階にしか止まらないスキップ形式という特殊なアクセス形式のものが出てきます。すばらしいゴツゴツです。

これは同じスキップフロアでもさすが浪速ってかんじですね（12）。タワーとボディーのあいだがなぜか空いています。風水でしょうか?

次、テクスチャ的にはボーダーです（13）、庇のようなものが走っています。上にのぼって確かめてみたんですが、間に網のようなものがあって、ものを落としたり、人が落ちたりしたときにおそらくここで受け止めるためではないか。それにしてもこの庇、12階、9階ときて、どうしていきなり2階にくるんでしょうか。下の階の方に対する差別ではないかと。

これは「ワルな団地」と呼んでいます（14）。

13

14

10

10
15

僕が中学生の頃、学生服の裏が紫で虎の刺繍があるとヤンキーだったので…。しかし、チェーンソーが欲しいですねえ。
折れ曲がり具合もわかりやすいポイントですね。V字型もここまでトリッキーだと、僕はいかがなものかと思いますが（15）、非常に大胆なV字型であるにもかかわらず、ちゃんとおできがある。おそらくこのV字を見ろよ、ということだと思います。やんわりと折れ曲がっているのが首都高すぐそば（16）。ここで事故が多発していないとよいですが…団地マニアのことも考えていただきたいですね。

「カラーリング」も見どころ

これも非常に団地らしい、方向性を間違ったかんじがしますね（17）。どうして勘違いするのか、ブルーとグリーンを使うとさわやかになると勘違いするんでしょうかね。なんか国旗みたいですね、自由・平等・自由みたいな。
さきほどの山田さんのたとえによりますと、最近見なくなりましたけれど、身長170センチ超えた女性がピンクハウスを着てたりします。あれを彷彿とさせるのがこれですね。
でっかいのにピンク（18）。いや、好みですけれどね。

17

18

19

これはかなりいいですよ（19）。上と下に、こじゃれようこじゃれようとしたあまり、入れてしまったこの色。実に団地らしい。

女性だったら経験があるんじゃないかと思いますが、小学校低学年くらい、お母さんの目を盗んで口紅をぬってみる。それで大失敗、あれです。

団地マニアを名乗るには…

僕が「上級者はこうあるべき」と思うのは、何のコメントもできない団地（20）、「団地だね」としかいいようのない団地こそいいんだといい切れることですね。

ドラマ「冬のソナタ」でペ・ヨンジュンが「本当に好きだったら理由なんていえない」っていう台詞がありまして、いいこというなって。

これのどこが好きといわれても、団地としかいいようがないですよね。

刑事ドラマでよく「犯人の特徴は？」って聞かれて「特徴って、普通でしたよ、刑事さん」っていうでしょ。どうしようもなく普通。普通がすばらしい。

ということで、身近な団地をぜひ見てください。

P.22 都営平井七丁目アパート／東京都江戸川区
1 宇喜田第二住宅／東京都江戸川区
2 亀戸二丁目団地／東京都江東区
3 新田住宅／東京都江戸川区
4 都営南砂四丁目アパート 1 号棟／東京都江東区
5 都営東砂二丁目アパート 21 号棟／東京都江東区
6 小島町二丁目団地 6 号棟／東京都江戸川区
7 高島平団地／東京都板橋区
8 都営横川五丁目アパート／東京都墨田区
9 春江町住宅／東京都江戸川区
10 都営東品川第 5 アパート／東京都品川区
11 大島四丁目団地／東京都江東区
12 府営南江口住宅／大阪市東淀川区
13 亀戸九丁目住宅／東京都江戸川区
14 コーシャハイム臨海町二丁目住宅／東京都江戸川区
15 豊島五丁目団地 10 号棟／東京都北区
16 都営大島九丁目アパート／東京都江東区
17 村上団地 3-14 ／千葉県八千代市
18 市営南江口第 2 住宅／大阪府東淀川区
19 豊島五丁目団地／東京都北区
20 都営平井六丁目アパート／東京都江戸川区

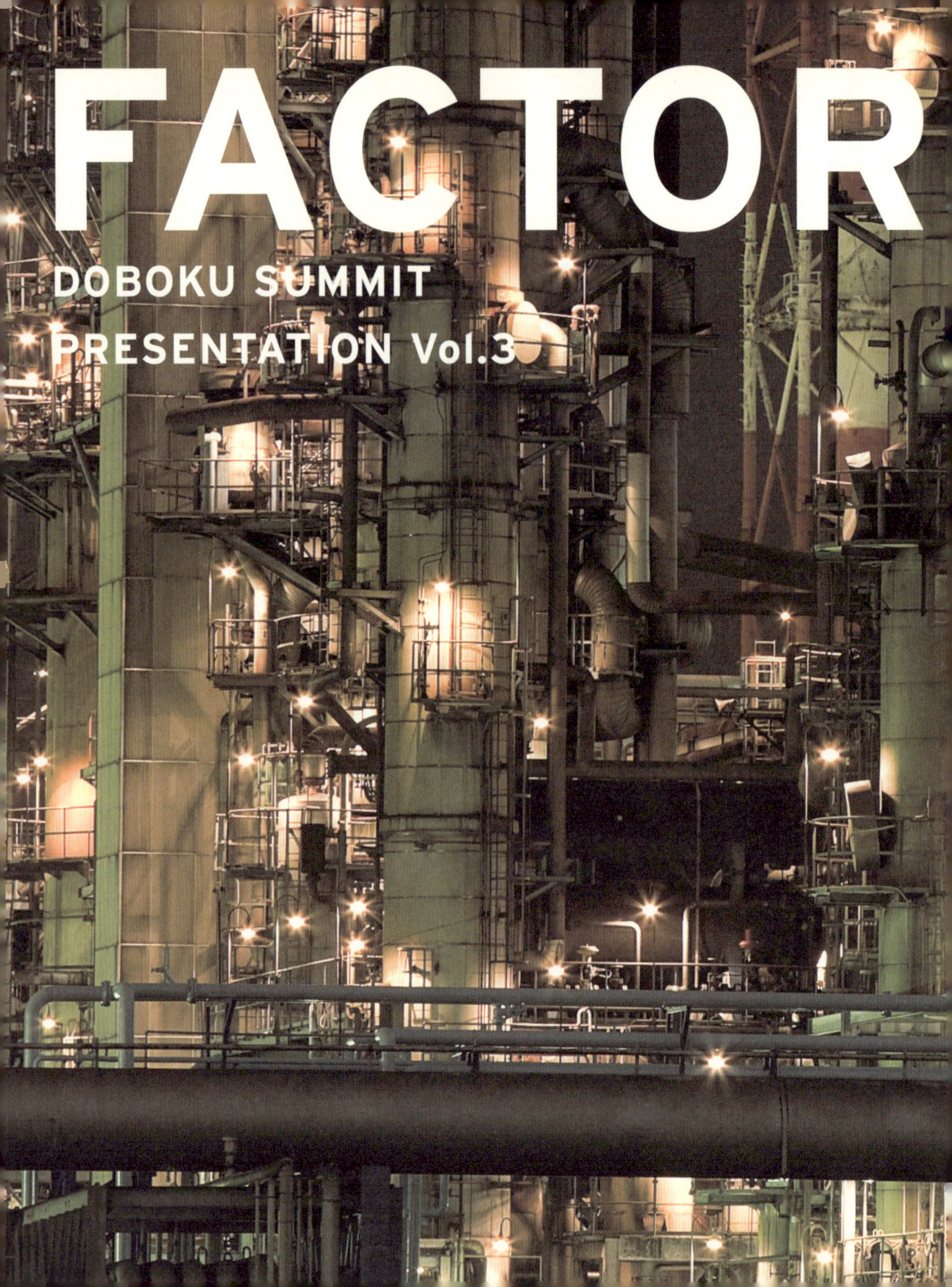
FACTOR
DOBOKU SUMMIT
PRESENTATION Vol.3

Y

Tetsu Ishii

石井 哲

機能美は細部に宿る

最近、工場が好きという方が周りにたくさんおられて、一般の方がどういうふうに感じているのか逆にわからない状態なのですが…工場を見に行く人の視点がどこにあるかというと、1つには「機能美」ゆえにでき上がった形状の豊かな個性を楽しんで見ている、といことなんです(1)。

なぜこういう形になっているのか詳細はわからないけれども、「ここに存在する物のデザインにはすべて意味がある」というところに美しさを勝手に見出して面白がっている、それが《工場鑑賞》という視点の大きなポイントです。

たとえば、ある場所では壁一面を不思議議な形状の配管が覆っていて(p.52-53)、部外者から見ると「あちこちと曲げたりしないで、もっと最短距離を真っ直ぐに繋げばよいのに」とか勝手に感じてしまう。

でも、自分たち素人には非効率的に見えてしまうこういった物も、実際には機能を重視して造られているはずなので「これはたぶん、管の中を通る気体や液体の温度にかかわっているのかな」と、いろいろと推察して盛り上がったりしています。

この配管には直径数センチの物から10メートル近い物まであり、巨大な製油所のパイプをすべて繋げたら、横浜から九州に届くくらいになるそうです。

そうした緻密なデザインもあれば、このガスタンクのようにシンプルな形状もあって(2)、そういう極端な状況の変化も面白いですね。

昼と夜のコントラスト

最近は、工場景観の新しい見方として、工場の夜景を楽しむ人が急増しています。

昼間の工場は色数も少なくストイックな姿ですが(4)、夕方以降になるとプラントの1つ1つにライトが灯りはじめて幻想的になり(3)、人によってはデートにも十分に使える場所に変わるのが大きな理由でしょうか。

1

3

F-1502B

4

去年の中頃、川崎の工場夜景を眺める遊覧船クルーズが登場して、毎週の予約がすぐに埋まってしまうほどの人気なのですが、ここで見られる代表的なプラントの1つに、ビートニクスという80年代のテクノ系グループのアルバムジャケット「出口主義」に使われて有名になったものがあります。

ここは、昼間見ると無骨で力強く、とても格好良いのですが（5）、夜になるとまったく様子が変わって、艶めかしい非現実的な雰囲気を間近で味わえます（6）。

瀬戸大橋の真下にある製油所のタンクも（7）、夜になるとさらにつややかになって可愛らしくなります。夜景と朝だけでなくて、夕方の工場も、様々な形状の蒸留塔や煙突がシルエットになって浮かび上がって（8）、普段は見られない独特な情景があります。いつの時間でも楽しめるのが工場景観の個性ですね。

それから、工場には「フレアスタック」といって高い煙突の先で炎が上がっている場所があるのですが、これは製品を作る過程で発生してしまう必要のない可燃性ガスを1カ所に集めて燃やし無害化する装置です。

夜のコンビナートへ工場を見に行くと、いたる所で目に入りますから、初めての場所では最初にここを目指すという人も多いです。

6

7

D-502

8

工場鑑賞は市民権を得た?

工場の姿を眺めるという行為が市民権を得たからではないんでしょうが、川崎の東扇島という工場と倉庫しかない埋立地に、昨年、新たに東公園という場所ができました（9）。

ここは、人工砂浜やドッグランを備えて市民の憩いの場になっているのですが、海沿いに広がる長いデッキへ行くと対岸には工場しか見えないのですね。

工都を名乗る川崎市にとって重要な場所である工場をアピールするために造ってくれたのかという公園ですが、羽田空港に離発着する旅客機の姿も近くに眺められますし、華やかな夜景が好きな人なら特に楽しめるのではないかと思います。

東扇島の逆側には西公園という場所もあって、ここでは製鉄所の高炉などが見えます（10）。東公園の華やかさが苦手な人は、こちらに来ると、もう少し穏やかな景観を楽しんでもらえるのではないでしょうか（11）。

並外れたスケール感

工場という場所は、日常で接している景観と比べてとてもスケールが大きいのですけれど、身近な比較対象がないので具体的なサイズがイメージしづらかったりします。

10

11

30m以内一般船舶航行禁止 火気厳禁

でも、たまにプラントの真ん中に人が立っていたりすると（12b）、その大きさを実感できて面白いですね。

世界遺産になったドイツの工場

日本だと操業を停止した工場やプラントはすぐに更地にして、サッカー場にしたり、ショッピングモールや公園にしたりするのですが、ドイツのフェルクリンゲンにある製鉄所（13）は、使われなくなって以降もそのままの姿で保存されて、1994年には世界遺産に登録されました。
北九州では近代製鉄発祥地として東田第一高炉が残されているのが珍しい例ですが、高炉1つが当時の姿とは異なるペイントをされて残されただけで、完全にモニュメントと化しています。
対してフェルクリンゲンでは工場全体をゆっくりと観てまわることができて、建物の中に並ぶ様々な機械や、巨大高炉の上を自由に歩ける非常に貴重な場所となっています。
ドイツには他にも、ランドシャフトパークという製鉄所をそのまま残した公園もあります。
その公園は、多くの市民に親しんでもらえるよう様々な工夫がされていて、土台のコンクリートを利用してフリークライミングの練習場（14）にしてみたり、使われなくなったガスタンクの中に水を貯めてダイビングの練習場にしたりしています。
ここはともに、イベント時には頻繁にコンサートが催されたりして賑わっています。
いつかは日本も、多くの人がもっと工場に親しんでもらえるような環境になれば面白いと思っています。

13

14

JUNCTI
DOBOKU SUMMIT
PRESENTATION Vol.4

ON

Ken Ohyama

大山 顕

鳥の眼／人の目

ジャンクション・マニアというのがいまして、数年前に「タモリ倶楽部」で紹介されました。僕ではなかったんですが…みんな上から見るんですね。航空写真を見て〈クローバー型〉とか〈トランペット型〉とかいってたんですけど…それはね、僕にいわせればダメなんです。ジャンクションは「下から」です。女性も上から見るより下から見たほうがいいでしょ。

たとえば、たとえばですが、日本唯一と珍重されている「クローバー型」の鳥栖《とす》ジャンクションを上から見ると（1）、ここで「おぉ～っ」っていっちゃだめ、ド素人です。これがかっこいいの、当たり前じゃないですか。誰も見たことないんだから。見たことないものを見て「おぉ～っ」ていうのは、僕はだめだと思う…で、実際に下に行くとどうなるか…つまんない風景なんですよ（2）。

日本一といっても、〈クローバー型〉とか何とかいっても、僕にいわせれば鳥栖ジャンクションはたいしたことはない。

下から見て僕がすばらしいと思うのは、みんながいつも見ている「普段の視点」。

で、楽しいなと思っているのは箱崎ジャンクション、これは“東の横綱”ですね（3）、こういうかんじ（会場から「おぉ～」の歓声）。

そうそう、「おぉ～」ですね。これは半蔵門線の水天宮前駅のすぐ近く、超駅チカ物件なので、ぜひ行ってみてください。回り込むと八岐大蛇《やまたのおろち》みたいなのもあっていいんですけど、ディテールや非常用の階段とかもかっこいい。ぜひ下からの視点で見てください。

見るべき景観とは?!

“まさに七福神”の大黒様というかんじの大黒ジャンクション（4）。「おぉ～」でしょ、ほらぁ。すぐそばにベイブリッジがありまして、スカイウォークという展望施設があって、上からも見ることができる貴重なジャンクションなんだけど、なぜか、展望施設の窓はぜんぶ反対側のランドマークタワーを見ているんですよ。なんたること！

4

5

6

9

10

7

8

さきほど“東の横綱”を紹介したので、“西の横綱”阿波座ジャンクションを（5-8）。交差点の上にみっちりと覆っているので、四つ辻（四つ角）からぐるぐる見てまわるんです。

色彩美か曲線美か

江戸橋ジャンクション、これも駅から近いんで行ってもらったらいいと思います。都営地下鉄浅草線の日本橋駅が最寄りです。“江戸の華”。華ひらくっていう表現がぴったりで、ぐいーっと曲がってるかんじがいいですね（9）。

ちなみに僕は車の免許を何も持っていないので、上を走ることはないんですが、何でみんな上を走るんでしょうねぇ、下から見りゃいいのにね。

“四十八手ジャンクション”両国ジャンクション（10）。だんだんサブタイトルがいい加減になってきました。これがまたすばらしい。

佐藤さんは、左側に水門が隠れているのが不満だとさっきいってましたが、水門とジャンクションの両方が楽しめます（p. 62）。隅田川なんで屋形船が通ったり、花見とかにもいいですね。でも花火を見ている場合じゃあなくてジャンクションですよ。

“赤い彗星”三郷ジャンクション。タイトル見て笑っちゃいけない。本当に、赤い彗星みたいなんです、赤いんですよ（11）。

色彩計画はまわりの環境に合わせているらしいんですが、そんなのは「おためごかし」だってことがよくわかる。だって、ここで赤くする必要はないから。ぜったいに赤くしたかっただけだと思う。

ジャンクションこそ新名所

大阪のUSJのそばに、こっちがUSJじゃないかというのがありまして、“今日からここがUSJ”北港ジャンクション（12）。

立体ラーメン構造という非常に変わった構造をしていて、まわりは工場ばっかりなのに、どうしてこんなにみっちり建てる必要があったのかなと思うんですが、あったんでしょう、きっと。僕に見せるためでしょう！

11

12

13

USJのJは、ジャンクションだったんですね。
こんどはこっちが海遊館なんじゃないかという“今日からここが海遊館”天保山ジャンクション（13）。ここも非常にすばらしい、駅前でとてもいいです。車なんかいらないですよ。
“下町の看板娘”堀切ジャンクション。下町にいきなりぬっと出てくるんですね（14）。下町の景観研究の方におすすめします。
こんなリアルな東京はなかなかない。すばらしい曲線です。
“この夏一番のオススメ”久御山《くみやま》ジャンクション（15）。会場でいま「あ」っていった人がいますが、久御山ジャンクションというのが京都にありまして、これがすばらしい。最近できたものでして、ほかのものと比べると橋脚のデザインとか向きが非常にエレガント。
“ジャンクション祭”一ノ橋ジャンクション。一ノ橋ジャンクションがどこにあるかご存知でしょうか？ 芸能人ご用達、麻布十番のど真ん中にあります。三角形に囲まれたところにありまして、360度ジャンクションに囲まれています。麻布十番ってこじゃれた、すかした街なんですけれど、三角形の中で麻布十番祭というのがありまして（16）、これはジャンクションを祀っているとしか思えない！ 僕、麻布十番、ちょっと好きになりました。さすが麻布十番。
初夢に蛇の夢を見るといいといいますが、“初夢に見たい”辰巳ジャンクション。
まさに蛇みたい（17）。工場地帯の真ん中にあるダイナミックなジャンクションです。

15

16
トルコ名物
シシ ケバブ

17

近くに工場と団地と水門と、あとなぜかテニス場とかあって、ここにかかっている歩道橋はジャンクションを見るための特等席ではないかと思いますね。なのに、いつ行っても、誰もいない。時折テニスラケットを持った方を見かけますが、テニスやってる場合じゃないですよね。

P.62 両国ジャンクション
1 上から見た鳥栖ジャンクション（国土地理院）
2 横から見た鳥栖ジャンクション
3 “東の横綱”箱崎ジャンクション
4 “まさに七福神”大黒ジャンクション
5-8 “西の横綱”阿波座ジャンクション
9 “江戸の華”江戸橋ジャンクション
10 “四十八手ジャンクション”両国ジャンクション
11 “赤い彗星”三郷ジャンクション
12 “今日からここがUSJ”北港ジャンクション
13 “今日からここが海遊館”天保山ジャンクション
14 “下町の看板娘”堀切ジャンクション
15 “この夏一番のオススメ”久御山ジャンクション
16 “ジャンクション祭”一ノ橋ジャンクション
撮影：鹿又利恵子
17 “初夢に見たい”辰巳ジャンクション

ELEC-TRIC TOWER

DOBOKU SUMMIT PRESENTATION Vol.5

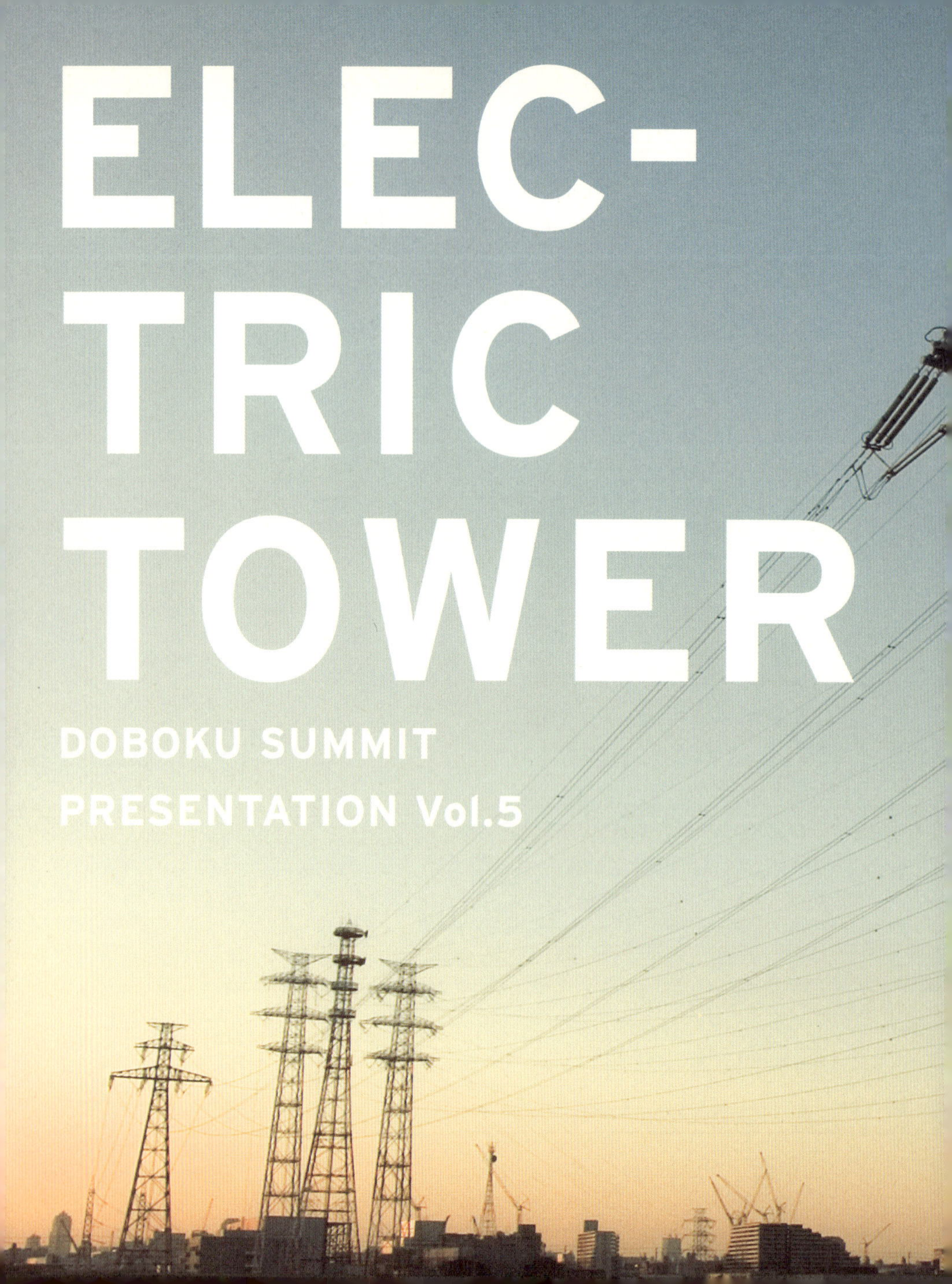

注 水面上16mに送電線あり 意

Hideki Hasegawa

長谷川秀記

ドナウ型鉄塔（p.78）
ドナウ川のドナウです。ドイツはドナウ鉄塔だらけだといわれていて、グーグルアースを一生懸命に拡大して見ると、腕金（うでがね）が２本しかないんです。このドナウはすばらしいところにたっていますが、日本では鉄塔の高さを落とすときにだけに使われるんで、ほかの送電線の下だとか、不遇なところにたっているのが多いようです。

「たどる」楽しさ

え～、鉄塔です。巨大建築物に鉄塔を入れるのは間違いです。鉄塔というのは小さいもので10なんメートルからです。10メートル台の鉄塔は本当にかわいいですよ、こんなかんじ（頭なでなでの仕草）。一番でかくて200なんメートルですからね。

一番いいのは、そんじょそこらにあること。出かける必要はありません。ここ（ムサビ）だったらすぐそこに、只見幹線が通っています。只見幹線線はどこまで行くかというと、南のほうに行きますと鶴川のあたり。北のほうに行きますと福島県の田子倉ダムに行くきます。

鉄塔には2つの楽しみがあります。「たどる」っていう楽しみ、これ簡単なんです。この線どこから来るんだろう?って、誰でも考えるんですよ。で、歩いちゃうんです。何事も実行です。ここでお約束、東電（東京電力）に聞いてはいけません。自分の目で、自分の足で歩くから、いいんです。Webとかで調べるとわかっちゃうんですよね。それがいやでいやで……といいながら見ちゃう。

「見立て」あそび

もう1つの楽しみ、「デザイン」を見ていきます。「鉄塔ってみんな同じ形でしょ」ってよく聞かれるんですけど、「全部違う」。同じ形に見えてもよ～く見てみると高さが1メートル違ったりとかね。不思議に違うんですよ、どっか。あれは全部オーダーメイドって有名な話なんですけど、ご存知ですよね?

先人たちが10年くらい前から鉄塔にやたら名前をつけたんですよ。「見立て」ってあそびがありますけど、動物か人間になっちゃう。私はだいたい人間に見えちゃうんですけどね。基本分類をお見せします。

とんがり帽子とコックさん

頭の形を「帽子」といいます。(1) は、とんがり帽子、(2) はコックさん。コックさんの帽子って逆三角形でしょ。これは有名な分類で、銀林みのる氏が小説『鉄塔 武蔵野線』で料理長と命名しました。

ジャミラ

私はジャミラ現役時代なのね。ジャミラは初代ウルトラマンの第23話「故郷は地球」に出てくる怪獣。「故郷は地球」はウルトラマンの中で一番いいっ！……頭の格好で、これがジャミラという形です。最近の人はイカ型とかいって。ものごとを知らない人は困るなぁ。

3

門型鉄塔

門型っていうのは電車の敷地の上を送電線通したりする時使います。鉄塔は1個1個全部違うっていいましたけど、門型は同じ形の鉄塔が、ざぁっと短い間隔で並びます。

美化鉄柱

美化鉄柱といって、古い鉄塔がたて替えられると、だいたいこれになります。まぁ、スマートです。古い鉄塔に、やっぱ思い入れがあるので複雑な心境です……なるべく好きになるように撮っています。

矩形鉄塔

電線の走る方向で見ると長方形なんですよ。四角鉄塔は軽快にさーっと空をわたっているんですね。でも矩形鉄塔はすごく愚鈍なんです。四角鉄塔が街道を行く旅人なら、矩形鉄塔は農道で荷馬車を押す農夫かなぁ。

ドラキュラ

ドラキュラがマントを広げて飛び立つようでしょ。これ、左右非対称でキザなドラキュラでわりと好きなんだけど。ちょっと対抗意識とかがありますね。だって、カッコつけすぎじゃん？

変形烏帽子（ネコ）

これは有名なネコです。じつは変形の烏帽子型鉄塔なんですが、ニャロメっていうネコ以外に見えなくなってくるんですね、だんだんと。耳垂れネコととんがりネコの２種類があります。

夫婦鉄塔

2本の鉄塔が協力してですね、手と手をつなぎ合わせて、送電線をひっぱっている。美しいでしょう!! おまけに、紅白でしょ、めでたいですよねぇ！

大口鉄塔

これは大口鉄塔。街角のゴジラです。口あけてガォーってかんじでしょ。2万ボルトしかない小っちゃな鉄塔なんですが、迫力があります。

すずらん柱

ほとんど電柱ですよ、高さは15メートルくらい。木でできたものもありますが、これはコンクリート柱。6万ボルトが走る立派な送電路です。腕金の形がすずらんです。

12

ピラミッド

レアな鉄塔です。4本の柱（主柱）がありますよね。普通は上部にいくと傾斜がきつくなるんですが、この鉄塔はまっすぐで、細長いピラミッドみたいです。

片寄り鉄塔

〈片寄り鉄塔〉はまともな用語なんですが、塔体の中心と送電線の中心がずれているもの。これはちょっと、ひねくれすぎですよね。

14

15

16

17

p.78（ドナウ型鉄塔）江東線 89 号
1　（とんがり帽子）戸田公園線 2 号
2　（コックさん）房総線 14 号
3　（ジャミラ）亀戸線 55 号
4　（門型）小岩線（JR）4 号
5　（美化鉄柱）駒沢線 69 号
6　（矩形鉄塔）奥戸線 10 号
7　（ドラキュラ）練馬線 223 号
8　（ネコ）安曇幹線 382 号
9　（夫婦鉄塔）南太田線 3 号
10　（大口鉄塔）稲田線 20 号
11　（すずらん柱）利根浄化線 14 号
12　（ピラミッド）新鶴見線（JR）45 号
13　（片寄り鉄塔）板橋線 82 号
14　房総線 92 号
15　花総線 48 号
16　新京葉変電所付近・
新京葉線 127-128 号、印旛線 100-102 号
17　千代田線 32 号

ほんとうにきれいだなぁ……

鉄塔きれいです。きれい系ばかり集めました。これ（14）50万ボルトの送電線なんですけれど、どこにも、肩に力がはいっていない。うるさくないでしょ？

これ（15）、大正12年の鉄塔なんですよ。ここはね、泣くときに来るんです。鉄塔っていうと、みんな力強さとかいうけれど、鉄塔は1本ずつ見るとすご〜く静かぁにたたずんでいます。

鉄塔の風景で、ボクはこういうのが一番好きです（16）。鉄塔ってつながっているんです。鉄塔はつながっていて、一本一本受け渡していくっていうことなんです。

女性的な鉄塔（17）……これ絶対に女性です、いいですよね……どぉしてこんなに美しい鉄塔をたてたんだろう……。

最後に。これはお遊びです（18）。「結界写真」といいます。１個１個見ているとぜんぜん違いがわかんないですよね。並べてみないとわからない。不思議なものです。

18

FLOOD GATE

DOBOKU SUMMIT
PRESENTATION Vol.6

Junichi Sato

佐藤淳一

赤い水門はどこへ行った?

結界写真ではありませんが、並べてみました。水門もいろいろ面白いんですよ。さっき長谷川さんが「泣くときにここに来ます」っていってましたが、水門を見て……泣けないなぁ。思索の場としては最高です。

あたしは、色で見ちゃうんですね。目が虫のレベル。あるいは牛なんじゃない? っていわれてるんですが、色に着目しています。水門を見てもう10年以上になりますが、赤い水門がなぜか減っているんです。今日はこれを問題にしたいと思います。

赤い水門の例をまず見ていただきます。隅田川の佃島のところにある赤い住吉水門(1)、もぅ、かっわいいんですよ。とっても、ちっちゃいお手頃な水門。もし一戸建てだったら、庭にいっぱつ建てたいなと。庭に欲しくなるようなミニ水門です。これ撮ったのが2003年ぐらいでしょうか。今から5年くらい前の住吉水門は赤かった。

次に、去年撮った住吉水門の現状(2)。緑になっちゃうんですね。人が変わったように、「どうしたの? 顔色悪くなっちゃって、なんかあったの?」っていうかんじですよね。

1

2

このように赤い水門がだんだん減っているんですよ。ほかの例をいくつか見てみましょう。
今度は赤から青に変化した例です。(3) は源森川水門といいまして、浅草のウン○ビルじゃなくて、某ビール会社の本社ビルのちょっと北側ですね。
左側、赤いほうが2002年の撮影。東京都のマークも鮮やかな真っ赤っか。ところが現状は右側のようにブルーに変貌を遂げております (4)。別の水門なんじゃないの?っていわれそうな気がしますね。
これ、ぜんぜんダメですね。赤いほうは表から撮っていますが、青いほうは裏から撮っています。ちゃんと定点観測しろよ。いわれる前に自分でツッコミ入れておこう。
じゃあ、定点観測を見てみましょう。(5) は貴船水門といいまして、羽田空港の北のほうになります。左が98年撮影で、8年後に行ってみたらまったく色が変わっていた (6)。手すりは黄色をキープしていますが、ゲートは赤くなくなっちゃいました。

4

5
1998

6

空と同化したらダメでしょう

（**7**）は平久水門といいます。ゲートがなぜか左右2つに分かれています。追加したのかな、あとから川幅を広げたんでしょうか。98年当時、オレンジ色だったのか、それとも赤かったのにだんだん日焼けしていってこんな色になっちゃったのか、よくわからない色をしています。今は（**8**）のような、彩度の低いブルーに塗られてます。なぜか白線が入っているんですよね。この白線を取ってしまうと、空に溶け込んでしまいます。擬態というか、保護色というか、ゲートをおろしているときに船がつっこんだりして、よろしくない効果があるのではないだろうか。だからといって黄色と黒のトラトラにしちゃうわけにもいかないので、仕方なく白線を入れてるんじゃないだろうか。白線を入れるくらいならば、赤に戻したらいいんじゃないかと思ってます。

さきほど大山さんが発表された辰巳ジャンクション（**p. 76**）の近所にある辰巳水門（**9**）。左側は98年の撮影で、濃いかんじの赤でした。

7 1998

9 1998

2006 8

高潮から都民の生命・財産を守ります
東京港防災事務所
辰巳水門
2006 10

11

p.98 綾瀬水門（2006年）
1　住吉水門（2003年）
2　同上（2007年）
3　源森川水門（2002年）
4　同上（2006年）
5　貴船水門（1998年）
6　同上（2006年）
7　平久水門（1998年）
8　同上（2006年）
9　辰巳水門（1998年）
10　同上（2006年）
11　八間堀川水門（2006年）
12　稲戸井排水門（2006年）

現在は、貴船水門と同じような緑に変わっている（**10**）。しかも上屋のところには戦隊ヒーローからのメッセージと呼んでいるのですが、「高潮から都民の生命・財産を守ります」が入っています。
では、なぜ、さわやか系に向かうんだろう。さきほど大山さんの団地のお話にも「ブルーとかグリーンとか塗ってさわやかなんていってんじゃないよ」という話がありました。水門の場合は、赤いと目ざわりだろうみたいなことを先回りして考えたんじゃないでしょうか。
じゃあ、さわやか系でないとどうなっちゃうのか。微妙な色ですよ（**12**）。ゴキブリ系へ向かう一派もいるんです。
河川事務所によって色を決めているという話がありまして、「どこで、だれが色を決めているんですか」と聞いたらですね、「うーん、所長の趣味、なんじゃないかと思います」という話を現場の方がぼそっとおっしゃったことがあります。ですから、このゴキ・カラーは、いっちゃうと怒られるかもしれません、利根川のほうの河川事務所の所長さんの趣味なんだなぁとだけお伝えしておきます。
最後にもうひとつだけ。色として、これが一番いいんじゃないかな、とあたしが思っている水門はこれ（**11**）です。水海道市（いまは水海道ではなくて常総市ですね）にある八間堀川水門といいます。
かなり大きいんですが、今ありえないほど真っ赤に塗られています。こういうストレートな赤というのがだんだん見られなくなっていて、そういうなかにあって、わりと東京の近くにあってですね、真っ赤な水門で一発勝負みたいな貴重な例です。
もしこの水門がさわやか系に塗り替えられて、絵なんか描かれていたら、あたしはもう、かなり愕然とするのではないか。ずっとこのままでいてほしいな、と勝手に思ってます。

12

FRONTI

DOBOKU SUMMIT

SPECIAL PREVIEW

ER

FRONTIER #1

群馬県　昭和 Shell 石油　昭和 38 年築

Seigo Matsumura

松村 静吾

http://g-stand.com/

ガソリンスタンドを追う日々

私はガソリンスタンドの建築に魅せられている。高度経済成長期にエネルギー・インフラの末端を担って建設されたスタンドが、40年の年月を経ていま急速に消滅しつつあることに危惧を覚え、現存する美しいスタンドを写真によって記録に残すことに傾注している。

サミットではドボク的なもののスパンは100年単位という話があったが（**p. 130**）、ガソリンスタンドはすでに過去の時代の遺物である。今後、新しいエネルギーによって駆動する車両が普及すれば、現在の様式のスタンドは一掃されてしまうことは疑いもない。だがドボクはガソリンスタンドと密接な関係にあったことも事実だ。スタンドが土木工事を支援し、工事車両によってスタンドが賑わった時代があったのだ。

会場に足を運んだ観衆の中で、最年少は12歳の鉄塔マニアの中学生だそうだ。最高齢は確かではないが、かなり年輩の方も来場されていたように思う。幅広い年代の人々が、それぞれの年齢の視点でドボク鑑賞を楽しんでいた。

会場の後ろのほうで、ドボクに興味のあるパパに連れられてきたのか、退屈した幼児がむずがる声がした。その子はやがて成長してドボクに興味を持つだろうか。ダム、水門、鉄塔、ジャンクションの多くは残っているだろう。工場は様式や景観が変化しているかもしれない。だが彼が将来目にするであろう景色の中に、ガソリンスタンドが存在する可能性は低い。そういう消えゆく物を私は日々追いかけている。

Pura

FRONTIER #2

Satoshi Hachima

八馬 智

千葉大学大学院 デザイン科学専攻 助教

1 「工場鑑賞ツアー」では、製油所内の緑地で弁当を食べるという非日常体験を行った（出光興産千葉製油所提供）

2 京葉臨海コンビナートは密度の高い植栽によって生活領域と分断されているため、工場内を伺う良質な視点場が少ない。

3 船上からの工場鑑賞は、見通しが良く変化にも富んでいるため、産業観光の有力なアイテムとなる。

工場景観

私は現在、工場景観を観光資源として捉えてみようという試みを、千葉県などと共同しながら行っている。2007年には京葉臨海コンビナートを舞台に「工場鑑賞ツアー」を試行的に開催した。また、物好きな学生たちを巻き込んで「テクノツーリズム・プロジェクト」と称する研究活動を行い、工場鑑賞が産業観光の新しいアイテムとして成立する可能性を示してきた。これらの取組は、「工場鑑賞は楽しい」という前提で行っているのが特徴である。そんなふうに言い切って進められるのは、『工場萌え』のヒットがあったからに他ならない。

この手の「ドボク本」が出るたびに、私は小躍りして喜んだ。なにしろ私は、土木の設計会社に10年近く勤めていたこともあり、インフラがつくり出す眺めに対して並々ならぬ愛着を持っている。それに、インフラに向けられている世間のイメージが、その役割に比べて不当に低いことに大きな焦燥感を持っている。そんなドボク的産業を覆っている重苦しい空気を払拭する一筋の光が、個人の趣味から発した「ドボク本」から溢れているような気になったのだ。

重厚長大なドボク的産業もいま、いろんな面で変革をしなければならない時期に来ている。ドボク鑑賞家の方々には、これからもドボクの内側の人間に刺激を与え続けていただきたいと願っている。外側からの刺激には変革を促進する作用があるので。少なくとも私にとって、ドボク・サミットはとても大きな刺激になった。

1

2

3

FRONTIER #3

Kimiko Sugiura

杉浦貴美子

http://heuit.com/

壁

私は「壁」鑑賞をしています。ドボクからややはみ出ているような気はするのですが…、ドボク・サミットを聴講して、私の壁に対する目線も、皆さんと相通じる観点から生まれたものだと共感しました。壁に関してはあまりにも日常に存在するので、サミットでも語られていた「見られていなかったものへの目線」へ特化されているもの、とちょっと強引に関連づけてみます。

私が壁好きになったきっかけは建築物に対する疑問からでした。本や雑誌で見る建物は、有名建築家の建てた住宅、技術を駆使した商業建築、伝統的な寺社建築など、世の中にはそんな建物しか存在しないかのようにいつも同じ角度から語られる。けれど街を歩くたびに思うのは、何の変哲もない戸建住宅やアパート、古びた商業ビルの圧倒的な量の多さでした。次第に私たちが普段「見ているはずなのに見えていない」建物が気になってきて…。特に建物の外皮である壁は、地面に垂直であるが故に重力、気候、生物、素材の影響を受け、時間をかけて熟成される。私は生き物のように経年変化し、建て壊しにより消えていく無数の壁に偶発的、時限的な美を見つけ、写真を撮り始めました。

壁に特別な感情を抱いてしまっている私にとっては、もう街中が絵画です。私は鑑賞者のストラテジーには美の力もあると、青臭く信じているのですが、鑑賞者若干一名の主観美では心許ない状態です。壁も良いですよ!

壁に潜む美の発見者、随時募集中です。

FRONTIER #4

BADON | MANIAPPAREL

バドン | マニアパレル

http://blog.livedoor.jp/r2koba/

ライト・ドボク・ジュブナイル

上巻あらすじ

今年、全国の高校にドボク部が一斉にできた。我が校の部員は１名＝僕１人、昨日までは。

「入部希望ですっ! 大好きなドボクは…はわわぁ選びきれないなぁ。キミは何が好き? ダム? 鉄塔? 工場? 水門? ジャンクション? はたまた団地かなぁ?」。

コンクリのように灰色な部活動が銀色に輝きだした。新入部員はナンというか、かなり可愛かったのだ。「ハイっユニフォーム。タダのTシャツじゃないんだぞぉ、インダストリアンの鎧であり翼、そして剣なんだからっ!」。

僕らはこの夏ドボくんなるユルキャラTシャツ(★1)を着てドボク巡りに出かける事になった…。

下巻あらすじ

「もうこの国はダメ。キミと私が卒業する３年後には国連加盟国によって分離占領されるの、ドボクをイメージアップして日本民主主義共和国の価値を上げようとする策略。我がドボク部だってその一環。そして私は…」。彼女が掌で顔を覆っているその時、僕は背後に息吹を感じた、それもかなりの数の。

「僕らが気づいた新しいドボクセンスで世界に撃って出よう!」。振り向くとそこにはお気に入りのドボクTシャツ(★2)を身にまとった全国のドボク部・部員が結集していた、その数は体育館は疎か校庭にすら収まらない。「みんなぁ…大好き…だ・よ・ね、ドボク!」。この冬、僕たちのドボク・ゲドンは始まったばかりだ。

註　この小説は架空のモノだが、小道具であるＴシャツ（★1）（★2）は実在する。

SYMPOS

IUM

2008 6.15

サミットにおける3つのテーマ

佐藤　サミットと銘打ってせっかくこれだけの著者の方に集まっていただきましたから、プレゼン大会の後は私のほうからテーマを提示して、それぞれのお考えを聞いてみたいと思っております。左から、工場の石井さん、団地とジャンクションの大山さん、ダムの萩原さん、鉄塔の長谷川さん、そして私、進行役をつとめます水門の佐藤でございます。

まず第一のテーマは、カタカナで書いた「ドボク」。さきほど大山さんから「建築」と「土木」の違い、団地は「建築」と「土木」の境目にあるのではないか、という話がありました（p.24）。その大山さんがあるとき「じゃあ、ドボクってカタカナで呼んだらいいんじゃない?」っていったんですね。それ、いただきます！となりました。ドボクに団地も工場も入ってしまうところに違和感のある方がいらっしゃるかもしれません。機能性重視で外観が決定されている建築物の領域まで拡大解釈して、あえてカタカナで「ドボク」とつけています（**註1**）。で、この表現方法は妥当であろうか。これらをひっくるめて「ドボク」って呼んじゃっていいのか？ 我々が「ドボク」と呼ぼうとしているものの正体は何かを考えてみたいんですね。

今回ポスターや告知などで「リサーチ・エンタテインメント」という言葉を使ったんですけれど、この「リサーチ・エンタテインメント」が第二のテーマです。「リサーチ・エンタテインメント」とは、学術的あるいは産業的な目的をもたずに行われる、まあ、勝手にやってるってことですね、自発的な研究。私が造った言葉でして、なんら裏付けはございません。さきほどからみなさん、適当なプレゼンをしているようですが、実はものすごく調べています。もう専門家がびっくりするくらい。ダムの萩原さんなんか『ダム年鑑』（**註2**）を抱っこして寝てるみたいなかんじでしょ。専門家もそこまでやらんよっていうところまでの入り込み方をしている部分もあるわけですね。そういう自発的な研究が、さらにエンタテ

註1　佐藤によるドボク定義「ドボクとは、土木構造物のみならず土木の特徴の一つである機能性重視という性格を持つ建築物（工場や団地など）まで含めた領域を示すために、無理やり定義された表現法である。」

註2　日本ダム協会が毎年発行。ちなみに萩原は1987年版をヤフオクで購入（B5版、厚さ7センチ、約1300頁のヴォリューム）したが、古書は中止になったダムのデータの記載があるために、最新刊より貴重だったりする。

インメントとして表現されるというのは、ひょっとして今までないのではないか。マニアであるとかオタクであるとか、今までサブカル的にざっくりくくられているが、実は立派な表象行為ではなかろうか。本当にそう考えていいの？　ということは私にもわかりません。「リサーチ・エンタテインメント」は、新しいスタイルの表象行為としてあり得るのか？　そのへんをちょっと考えてみたいなと思っています。

第三のテーマは、今、いったい日本はどうなっておるのかということにつながるんですが、我々ドボク鑑賞者がこうやって話をしたり、どこか出かけていって面白さを見つけてくることっていうのは、何かの役にたっているのだろうか。ドボク鑑賞者の果たす役割とは何か？　それを第三のテーマに設定したいと思います。

我々ドボクを見る者、鑑賞者がいま力をもっているんじゃないかという気がします。そんなことねえよっていわれるかもしれませんが、じわじわっとした浸透力があるのではないか。あるいは、どういうことを考えて鑑賞行為に及ぶべきか、そんなことを話すと講座っぽいかんじがするかなと。

「機能的だから好き」ではない

大山　ドボクというと…ドボクは機能重視でこじゃれていない、見られることを意識していないからそこがいい、というのがありますけれど、それは後付けなんですね。いつも非常に悩んでいるところですけど、わかりやすいからそう説明しちゃうんですよね。

佐藤　後付けかな？

大山　見ている側からすれば、意匠を飾ってできた形なのか、機能重視でできた形なのか、その違いはそんなにない。普通に見て、すごいいいな、素敵だなって思うのは、別に飾っていないからではない。あれはあれで美しい。だから、僕の場合、飾ってないから美しいというのは後付けで、実際の本質はそこにはないんじゃないかと思っています。「建築」と「土木」はどこが

シンポジウム・パネリスト
左から、石井 哲、大山 顕、
萩原雅紀、長谷川秀記、佐藤淳一

違うかを僕は常に考えているんですけれど、言葉のことだけいうと「土木」ってすごいですよ、土と木ですよ。これ、マテリアルのことしかいっていない。「建築」は建てるに築く、こっちは行為ですけど。「土木」は人間との関わりを全然いっていない。英語だとcivil engineering、ちゃんと行為ですよね。言葉のせいだけじゃないと思うんですけれど、もしかしたら「土木」と「建築」の乖離は、日本特有なのかもしれません。

エンタテインメントとオタクの違い

大山　第二テーマの「リサーチ・エンタテインメント」に関していうと、佐藤さんがこう名付けたのは正解だと僕は思う。僕はみんなに「どうです、いいでしょ！」って話をするのが好きなんですよ。オタクはたぶん違うでしょ。仲間内で楽しみたいのと違って、僕はもうちょっとコミュニケーションしたいと思っている。ここにいるみなさんが活動を始めたのはネット以降じゃないですか。ネットで発信していることは、何かしらそういう部分がきっとありますよね。だから伝える手段として、何か面白く伝えたい、エンタテインメント性があるというところで、この言葉はいいなと思いました。外に向かってノンケの人にも伝えたい。「工場萌え」のミクシィのコミュとか見ていると「まわりに話せる人がいなかったけどコミュがあって、仲間がいてよかった」とか、本を出したら「自分だけじゃなかった、とても嬉しい」みたいな人がいっぱいいて、そこで果たした役割というのはあると思います。つまり自分のまわりにはいなくても、全国探したらダム好きはけっこういた。団地好きもいる。そういう仲間を発見して、素直になり…。

佐藤　本当の私がネットにいた、みたいな。

大山　この前、心理カウンセラーの方とお話をする機会があって「自分探ししないで、団地探ししたほうがいいですよ」って話したら、ものすごく感心された。

佐藤　けだし名言ですね。

大山　うん、「それは本質です！」っていわれ

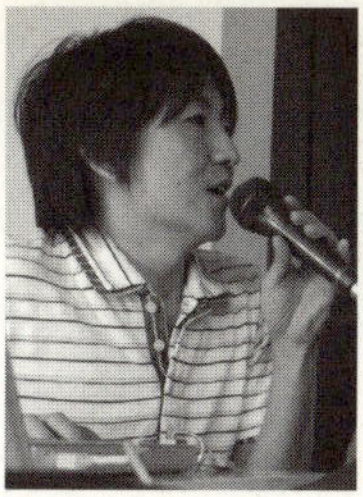

ちゃった。

環境破壊というけれど…

萩原　機能重視というところから入ると、ダムも見られることを意識していない、機能重視って思っていたんですけど、エンジニアはできる範囲で「見せること」を意識していたのかな、という気が最近してきたんです。ただ団地は、自治体にしろ、国にしろ、それなりに公的なお金を使って造るものなので、マンションのように派手に飾ったりはできない、けど、自分たちができるなかで、機能を維持しつつエンジニアなりの主張みたいなものがけっこう出ているのではないかなぁ。

大山　うん、お金がなかったから、こじゃれられなかっただけで、お金があればやりたかったです。

萩原　そう、精一杯やった結果がああなって。ここはけっこうエンジニアは考えてたんだな、というのが最近わりとわかるようになってきて、それが見つけられた時がまたすごく嬉しい。でもそれは、今まで僕ら普通の人が見ようとしなかっただけなんです。世界のこととかはわかんないですけど、日本人というか、日本のマスコミはというのかな、インフラにたいしてすごく閉鎖的で、インフラのほうをまったく見ようとしない、そういうのがあるなと感じています。この前、ダム系エンジニアの人たちと飲み会をする機会があって行ってきたんですけど。日本の河川を総括している部屋の一番エライい人…その人が首をふったら川の水を使うのを止められてしまうらしい…。

大山　神様じゃん！

萩原　そうそう。その人たちと話をした時に、どうやったら人がダムを認めてくれるか、人が見にきてくれるかという相談をされたんです。そういう話題が出たなかで、インフラに対してみんながあまりに関心がなさすぎるんじゃないかなぁと感じて。でもそれは今の話で、50年代、60年代、70年代、電気が必要で造られた

発電所とか、ほんとうに必要を感じていたときには違っていて、完成時にみんなが心から祝っていた。新幹線もそうじゃないですか。いまだにみんなが誇りをもっている。それってたぶん新幹線かっこいいからじゃないですか。速いし、かっこいいし、世界に誇れるものだから、しかも便利だし。それがダムでは、自然破壊、環境破壊っていう悪いほうだけクローズアップされている。でも、ものすごい役にたっているわけで、もっと誇っていいんじゃないかなと思うんだけど、なんだか素直にみんなが誇れない風潮になっている。

いい時代もありました

佐藤　特にダムと工場というのは、ここ10年くらいで価値観が一転していますよね。60年代、70年代ぐらいの高度成長期後半以降におけるダムやら工場に対する見方っていうのは、実にネガティブであった。社会的に必要なものだといいながらも、公害をまき散らしたり、環境破壊になるという見方をされていましたよね。でも、本当にそれは正しい見方だったのか。高度成長期以前には、さっき萩原さんがおっしゃったように、ダムができて電気がきた、治水ができるようになったと国民みんなが祝う、完成自体をお祝いした。それがひっくり返って「ダムはいらない!」みたいな風潮になってきたところに、またそれが再度ひっくり返っているかんじですよね。

大山　事態をややこしくしていると思うのは、社会の価値観みたいなものは10年たつところと変わったりするのに、土木は最低100年という世界なんです。だからスパンがまったく違う。100年も変わらないと第二の自然みたいなもんですからね。ころころ変わる社会の価値観についていったら話にならないレベルのものっていうのが、事態をややこしくしている。

萩原　50年代に完成したダムの写真絵はがきをもらったことがあるんです。当時、配っていた絵はがきなんですけれども。すごいんですよ、「できたね!」ってみんなが喜んでいる雰囲気がよ

く出ている写真絵はがきなんですけれど（**註3**）。

佐藤　80年前だと水門でそのレベルですね。もう、水門が満艦飾状態で飾られて、女優さんを呼んでそこでなんか民謡手踊りみたいなステージをつくって祝賀会、そういうかんじですね（**註4**）。

大山　水門にはそういういい時代があったんですね。工場もダムも、もてはやされた高度経済成長前夜みたいな時期があって。団地もご存知のようにもてはやされた時代はあったし（**註5**）、ジャンクション、高速道路のできた当時も。水門と鉄塔はないんじゃないかと思ってたんですけど、水門はあるんですね？

佐藤　ありましたよっ、いい時代！（会場：笑）。鉄塔はどうですか？

長谷川　ありましたねぇ…やっぱり水門と同じ頃…もっと前、明治のおわりに長距離送電っていうのができて、快挙だったんですよね。それが東京をぐるっとまわる送電線ができて、今でいうIT。かっこいいのよ、すごいわけ。電気なんて今さらITでもなんでもないけど。

註3　カラー絵はがき「天然の美・人工の驚異 佐久間ダム」8枚組。発行は佐久間ダム観光（共益株式会社）。佐久間ダムは1956（昭和31）年竣工。

註4 『工事畫報』1928（昭和3）年7月号より。川崎河港の竣工式「(写真左より）扉を緞帳の幕に代へ、橋上に演ぜらるる松竹キネマスターの元禄花見余興。(上の楕円内）渡初め式。(下の中央）松竹キネマスター、田中絹代、浪花友子両嬢の鶴亀の余興。(下の円内）渡初めの夫婦に扮したる松竹キネマスター園生喜久子嬢。手拭地は鈴木雅次博士の図案になつたもので左の上と右の下とは其の手拭地である」。川崎河港（水門）は現在でも使用されている。

働き者だからかっこいい？

長谷川　ドボクっていうことで考えるのは、働く構造物、つまりスーパーカーと消防車の違い。消防車とか救急車とか、働く自動車って絵本あるじゃないですか、あの世界大好きで。でね、働くことに対する価値観が低くなっちゃっているんですよ。汗水垂らして働くことが尊かったはずだし、もてはやされていたはずなんだけど、いまはどういうわけか金を左から右に移して、巨万の金を儲けるのが勝ち組になっちゃったんです。やっぱり労働っていうのは、汗水垂らして働くんですよ。

大山　スーパーカーだってレースやって働いているわけで、何が働いていて、何が働いていないのか、そこの区分けはハッキリしていないんじゃないかな。

長谷川　スーパーカーも働いているんだけど、どこが違うかというと、萩原さんがいうようにダムはエンジニアがきれいに造ろうとしているんですよ、美しくね。合理性なんですけどね。非常にきれいに、破綻のないように造ろうとする。ただその時に、観客は意識していないんですよ。スーパーカーはかなり観客を意識しているでしょう? 観客を意識して、そこで何かをしてしまう。それってけっこう、不純だって感じません?

大山　僕、そこらへんは態度保留。よくわからない。

長谷川　でね、人に見せるっていう要素を入れ始めたのは、鉄塔の場合は戦後ですよ。鉄塔は汚い、いやだ、電磁波こわい、となってきて、そうなると電力会社は全部、鉄塔を隠そうとする。で、鉄塔の色をだいたい空と同じようにした。

佐藤　まさに水門と一緒ですね。赤い水門の運命と同じ。

長谷川　だから写真撮るのがすごく難しいんです。空に消えちゃうから。まぁ、確かに空に溶け込むほうがスマートだよね。けっこうなこっちゃない? でも、なんかそこには心揺さぶるものは何もないんですよ。

註5　「日本住宅公團年報 '70」(UR都市機構提供)より。モダンで、おしゃれで、幸福な家族を絵に描いたような……団地がもっとも輝いていた時代。

ドボク・サミット会場

ドボク共通の楽しさ

佐藤　話が深いところへ行っちゃいましたが、石井さん、工場もドボクといっちゃって大丈夫でしょうか?

石井　え、工場はどこに入るんだろうと思って…さっきから一言も話してないんですけど。まぁ、仲間ということになるかもしれません。工場は、内部が剥き出しなところが楽しいというか魅力というか、外観だけで機能が想像できそうなところが面白く感じているんです。高炉や蒸留塔までは基本的な仕組みを漠然と理解はしているんですが、それでも実際に細部がどうなっているのかは到底把握できていません。たとえば、どこかに使われていないパイプが2、3本あったとしても、まず一般の鑑賞者は気がつかないでしょう。

佐藤　あるでしょうね。いらなくなっても、はずすとお金かかっちゃうから残してあるとか。

石井　産業スパイ対策としてプラントにダミーのパイプをつけたりという都市伝説っぽい噂もありますけれど、そういうところまで含めて人間らしいかんじがしますね。一般の建造物のように周囲の視線を意識した意匠とは異なる造形と、それでも伝わる作り手の意識みたいなものは、ドボクの共通項かもしれません。

佐藤　でもなんとなく、ドボクには入りたくないぞ、みたいな。

石井　いやいや、そういうわけではないですよ（会場：笑）。それと、ドボクというと、千葉大学の八馬さん（p.118）をはじめ、工場の見学をイベント化したりして盛り上げようとする様々な周囲の動きがありますね。

佐藤　会場のみなさんはご存知だと思うんですが、アンケート項目の中に「カタカナで書いたドボクってどうよ」という質問項目があるんですよ。そんなの違うよっていう意見が多かったら、私も考えようかなって思っていますけれども。でもね、今日のイベントを「機能性サミット」っていったら、こんなにたくさんお客さん来ないですよ。「機能性萌え」とかいったって、ねぇ。ドボクって、かなりあやういけれど、ドボクの範囲を広げすぎだよっていわれることを承知のうえでやっていたい。

「古いから良い」ではない

大山　古い団地の写真を撮っていると「同潤会アパートどうですか」っていわれるんですけれど、ぜんぜん興味ないんですよね。これは見るべきものだ、残せとなると、僕は興味薄れちゃう。同潤会はみんなが守ってくれるけど、高島平団地は誰も守ってくれない。

佐藤　いわゆる近代化遺産系のものっていうのは、我々が動かなくても、保存に動いてくれているし。

大山　「古いかどうか」ではなくて、ただ見てぐっとくるかどうか。それが重要だと思ってます。

長谷川　古い鉄塔ね、いいんですよ、でもね、あれは機能的にはダメなの。古い鉄塔は、引退しなきゃいけないんです。僕はそれを残すのは間違いだと思っています。残したって美しくない。

大山　団地も、建て替える必要がある団地は、建て替えたほうがいいと思います。建て替える必要があると思う。

佐藤　そこがいわゆる…といっちゃいけないな、わりと大多数を占める団地好きの人と大山さんのスタンスの違いですね。

ドボク鑑賞者の浮かれ問題

佐藤　「鑑賞者の果たす役割は？」というのは、ある方のブログの中に大変面白い問題提起を見つけたので、ちょっとぶつけてみたいと思って後で追加したテーマです。土木景観設計をされている田邊寛子さんというムサビを卒業された方なんですけれども、その方の6月1日のブログ「まちひとこと総合計画室ブログ」にこのようなことが書かれています。「私は、土木の景観設計を生業にしています。土木鑑賞家の方々との交流は時に楽しく、〈こんなところに魅力をかんじるのか〉と感心することが多いです。でも〈土木エンタテイメント〉のブームは〈土木鑑賞家としてのたしなみ〉も同時に広がってほしいと思います。〈土木〉はある時、ある人々にとっては、〈迷惑施設〉です。ある人々の生活を守るために、ある人々の生活を犠牲にしています。〈土木鑑賞家としてのたしなみ〉は、〈迷惑施設〉とかんじている方々の、〈ココロをとかす〉ことでもあります。自分たちが忌み嫌っている構造物を〈かっこいい〉、〈かわいい〉とわざわざ遠くから足を運んでくる人々がいる。〈別の視点〉〈何かに気がつく〉などのきっかけになる〈新しい見方〉を提供している」。この先がすごいんですけども、「〈真の土木鑑賞家〉の方々には、これを自覚して、浮かれ暴走することなくふるまってほしいと思います。」　と書いてあります。さすが田邊さん、しっかり打ち込んでくれたなってかんじがします。これいかがでしょうか。

大山　土木以外でも、世の中の何かは必ず何かを犠牲にしているわけで。土木の世界にいる人たちは、どうも自虐的なところがあって、まさに典型だなぁ。たしかに正論だけど、問題はそれ以前に、みんなドボクのほうを見ていない事態をどうするのかということなんじゃないか。そもそも、ドボクだから浮かれちゃダメっていうのはおかしい。建物を建てるのも何かを犠牲にしているけど、それに対して浮かれても問題視しないでしょ。

佐藤　ばっさりきましたね。

大山　六本木ヒルズだって、あそこにいい団地があったんです。それを壊して六本木ヒルズが建ってるんですよ。でもあそこに行く人はみんな浮かれてますよね。六本木ヒルズは浮かれの中心地ですよ。だから僕、それ賛成できない。「浮かれる」の内容がよくわかんないんだけど。

佐藤　萩原さん、いかがでしょう。

萩原　難しいな。誰かの生活のために誰かの生活が犠牲になる、これは永遠に背負わなければならない宿命にあると思うんですけど。ただ、僕のスタンスとしては、考えないわけにはいかないけれど、だからといって僕ら鑑賞者はどうしたらいいんだっていうことですよ。

浮かれの先にある境地へ

佐藤　実は話が途中なんですよ。ここで終わっちゃうと田邊さんがどこに話をおとしているのか、というところが見えないので、続きを読ませていただきます。「例えが悪いですが、昨今の〈韓流ブーム〉は〈むずかしい日韓問題〉を、その〈むずかしさ〉は通り越して、単純に〈かっこいい〉〈素敵〉という視点から新しい関係を築いています。長年、日韓関係を真剣に取り組み、市民レベルで解決しようと活動してきた方々にとっては、すこし、〈拍子抜け〉〈がっかり〉している事もあるようです。〈韓流ブームで出来た友好の雰囲気〉をベースに、互いに対等に主張、議論する段階にきているのは、みなさんご高承の通りです。土木鑑賞ブームがただのエンタテイメントに終わらせないように、専門家の方も考えていかなければならないのです。〈真の土木鑑賞家〉の創造をめざして…**（註6）**」。さっき途中で大山さんがばっさりいっているんですけれども、実は肯定的に捉えているんですよ。浮

註6　本書をまとめるにあたり、田邊さんに掲載許可をいただくために佐藤がご連絡したところ、「〈真の土木鑑賞家〉とは」と題して次のメッセージが寄せられた。

〈土木鑑賞家〉の方々の〈ありのままを楽しむ〉〈裏の事情もふくめて楽しむ〉その感性の鋭さ、懐の広さに敬服し、その視点は、土木を良くする流れの一つだと感じています。土木鑑賞家の方々が注目する部分や事象は、①構造体そのもの　②路上観察学的な不可解さ　③仕組みや理由、などであると考えます。土木の景観設計の重要な役割の一つが〈調整〉です。それは様々な〈事情〉の課題を把握し、解決し、新しい価値などを創造します。しかし〈調整〉がうまくいかなかったとき、〈不可解な形〉として出現します。それを土木鑑賞家の方々が敏感に見つけ、②③の鑑賞を楽しんでいるように思います。
日本の土木技術は〈土木構造物標準設計〉により世界に誇れる水準を保っています。しかし弊害として、設計を〈組み合わせ〉ですまし、現場で適当に対処がなされています。それを改善するために景観設計が土木界で長年進められています。土木鑑賞家の方々が見つけ楽しんでいる〈不可解な形〉は、残念なことに計画者や発注者たちの怠慢の表れや、管理主体の違いや政治的・行政的、予算、業界の悪い慣習など複雑な事情による場合もあります。
〈不可解な形〉が露出し、人の目に触れ、くさい物に蓋をできない状況になることは、計画者や発注者の襟をただし、行動を起こすきっかけとなります。そして、土木鑑賞家の視点は、路上観察でいう〈トマソン〉を見つけ楽しむだけではない、その先があります。エンタテイメント的興味から、〈それは、おかしいのでは〉と気づき、そして〈変えるべきでは〉と声を上げ、行動を起こすことにつながることを祈っていま

かれて暴走することは駄目だよっていっているわけではなくて、浮かれて暴走してもかまわないわけだけれども、その上に新たな境地があるんじゃないかな、段階がみえてくるんじゃないかなっていうことをいっています。どうでしょう、石井さん。

石井　そうですね。環境問題でいうと、先日の四日市で発表された町のポスターで、背景一面が工場の夜景で手前に蛍がたくさん舞っているというのがあるのですが、やはり一部の地元の方から反発があったという話がありました。高度経済成長期に起こった公害問題の影を今も残している町ですから、その後の企業側の対策を経て実際に蛍が棲めるまでに水質が改善されたのにもかかわらず、まだ溝を埋めるには時間が必要そうです。

佐藤　ドイツなんかだと、まさにそういうかんじですね。工場をバックに、ドイツに蛍がいるかどうかわからないですけど、自然いっぱい。普通に共存していますね。

石井　ドボクに関しては、もっと企業や行政側と市民側がコミュニケーションをとれる前段階の整備として、鑑賞者がささやかながらもきっかけを作れるのであれば…。

大山　薄目をあけてもらうためには多少は浮かれないと。

石井　もちろん！

大山　ここにわざわざ足を運んでくださった方々は、みなさん特殊な方々だから。僕も10年間ヘビーな職場にいましたけど、あらゆる体力と時間をぜんぶ会社に吸い取られるんで、ダムを見てみよう、そういう時間ないですよね。 だからそういう時間と体力のない人たちを振り向かせるには、浮かれもしなきゃいけない。浮かれ具合に応じて生じた弊害をどう吸収しようかとか、考えないといけないんだろうね。

こちらが浮かれると少しずつ相手が変わる

佐藤　浮かれるのは、浮かれたくて浮かれているように見えてもいいんですけれども、実はそ

す。それは、〈土木を変える力〉です。計画者たちの力だけでは超えられない〈事情〉と戦う〈武器〉〈援護射撃〉です。その行為は〈土木構造物のユーザー参加〉そのものです。そのきっかけを作りだす意識と力を持っている方々を〈真の土木鑑賞家〉と記しました。

2008年11月12日
土木景観設計者
まちひとこと総合計画室
田邊寛子

の裏には戦略があると僕は思っています。これは「鑑賞者のストラテジー」（註7）だと1週間前くらいに気がついていっているんですけれども。鑑賞者っていうのは、絶対的に鑑賞者である立場であるんだけれども、そこに鑑賞者を超えた力をもてるような立場なんじゃないか、鑑賞する側がいろいろと行動をおこすことによって、実は主体のほうも変わっていく可能性を我々は見てしまったんだな、と思うんですね。

萩原　ダム鑑賞というものを始めて8年くらいたつんですけれど、少しずつ向こう側が変わってきたのを最近すごくかんじているんですね。

佐藤　萩原さんはすごいところまで入り込んでますからね。

萩原　僕らがダムを巡り始めた頃は、まずダムの職員さんが、ダム好きというのがいて、ダムを見る人がいるってことを認識してなかった。最初の頃は管理所に行って「写真撮りたいんですけれども入れてもらえませんか」って聞いても「あ、ここは立ち入り禁止だから」って門前払いをくらったりとか、けっこうあったんですね。それが、僕らがあそこのダム、このダムが素敵だっていい続けて何年かたった頃に、徐々に向こう側の人が僕らに気がついて、ま、自分の職場なので、そこが好きで見に来てくれる人のことはわかってくれるんですよ。自分が働いている所に来てくれることを嬉しいといってくれる方もいらっしゃって。

これはとあるダムであったことなんですが、年に1回、ちゃんと水門が動くかどうか、実際に水門を開けて、放流が行われる。点検放流っていわれてるんですが、今まではまったく告知もせずに、土日がお休みの国交省系のダムなので平日にこっそりと行われていたんですよ。それがここ4、5年は、土曜日に行われるようになって。

佐藤　おお、それはすごいですね。

萩原　しかも、それが今日だったんですけど（会場：おぉ〜）。ここ最近は土曜日にやるようになって。今年は日曜なんですけれど。最初の年はまばらだったけど、翌年からは交通整理のおっちゃんとかも出て「はい、見学？ 放流こっち、放流こっち」みたいになって。地元の人たちが普通にきて普通に帰っていくっていう光景が2年前くらいからあります。ダム側もお客さんに来てほしいんですよね。そういうちょっとした変化が、ひょっとしたら、僕らみたいな人たちが「ダムすごい！」っていうのを受けて、向こうの流れが少し変わったかもしれない。

佐藤　ダムカードまでいきましたからね。びっくりですよね。

萩原　それまではパンフレットくらいしかなくて。記念カードみたいなのがあったらいいなぁなんて、ダムのトークライブで喋っていたら、客席にダム界のわりと偉い人がいらっしゃっていたみたいで…。

佐藤　本当になっちゃったんですね。

萩原　話をしてから、3、4カ月くらいでできあがった。

佐藤　すごいスピードですね。

萩原　向こう側が見られ慣れていなかったっていうこともあるけれど。今まで風通しがなかったところに、少しすきま風が吹いて、まったくコミュニケーションがなかったところに、何か通じるものが生まれるっていうのは最近、感じたんですけど。

我々の活動はどこへゆく

佐藤　本当であれば会場のみなさんから、いろいろご意見、質問などを受けたいなと思っていたんですけれど、その時間がございませんので、話途中でありますが、我々の活動はまだ始まったばかりである、というふうに認識してですね。結論じみたことには持ち込まなくていいんじゃないか、どういうサミットだよという気はしますけど。何かいってやろうという方は、アンケートに想いのたけを書いてください。それが何か反映される保証はまったくございませんが。最後にお一人ずつ、しめていただこうと思います。

長谷川　先日群馬県に行った時、夕暮れ、高い山の向こう側に電気を運んでいる送電鉄塔たち

註7　構造物に有用性とは別の可能性を見い出す鑑賞者は、独立した立場としての戦略＝ストラテジーを持たなければ、社会的な有用性の力学に引きずり込まれてしまう恐れがある。たとえば「浮かれ」のようなエンタテインメント志向は、立場を異化することによってこの独立性を担保する手段として有効であると考えられる。

を見ていたんです。山の頂上付近で航空障害灯が小さく光っていて、とてもドラマチックで雄雄しい風景でした。家庭のコンセントまで電気を届ける経路というのは本来裏方の仕事でして見世物ではないのですが、とても感動するんですね。だからぜひ一度送電線沿いにどこまでも歩いてみてください。とてつもないドラマが街中や山の中にひっそりと息づいているんです。

ただ鉄塔の場合は、鉄塔の下に住んでいらっしゃる方は犠牲者だと思っているかも知れません。だからあまり目立つ形で浮かれないように気をつけましょうね。

佐藤　浮かれて大丈夫なんですよ。しかし、鉄塔に関しては地道に活動してまいります、ということで。では萩原さんお願いします。

萩原　特に何もないんですけど。

佐藤　もうさっきのでいい切っちゃいました？

萩原　あ、わりと最近ね、普段ぜんぜんダムを見たことない人、ダムを意識していない人が頭の中に思い浮かべるダムってどんなダムだろう、ということをとても気にしていまして。ニュースで、台風が来てどこどこ川が氾濫しました、そのときに上流のダムで放流していたそうです、というニュースがあったとします。でもそのダムが発電用だと、治水の用途はないんです。上流から来た水は下流にスルーするしかないんです。それでもダムはけしからん、と思っている人の頭の中のダムは、重力式なのかアーチ式なのか…、どんな放流設備がついているのか、気になって（会場、大爆笑）。最近会う人会う人ごとに、あなたの思うダムを描いてくれといって、描いてもらっているんです。けっこう面白い結果が出ているので、もうちょっとたったら何かしら発表したいと思っているんですけれど。

佐藤　アンケート用紙の裏に描いてもらおう。

萩原　これはダムに限らないんですけど、ちょっと認識していただくだけで、だいぶ見方が変わってくると思うんで。来たものをそのまま受け入れるんじゃなくて、これって本当なのかなとか、それってどうなんだろうって、ちょっと考えるだけで、たぶんいろんなことが少しだけ理解可能になるという。

佐藤　あ、もう10人くらいの方がダム描いていますね（**註8**）。では、大山さんお願いします。

大山　10年前から僕は団地の写真撮っていますけれども、10年前と今と町の雰囲気が全然違います。今、町の中が恐ろしくぴりぴりしていて、歩道から写真を撮っているだけで口汚くののしられたり、通報されたりして。ちょっと変わったことをする人に不寛容になっていることを感じています。ここでいっても意味ないか。ここにいる人たちは僕らに近い特殊な人たちだからね。もうちょっと変わった人に寛容な世の中になってほしいなと思います。

佐藤　はい、石井さんお願いします。

石井　工場や団地なんかの巨大建造物に限らず、日常生活の中で何気なく接している普段から見慣れている物に対して、少しでも意識を巡らせていただくだけでも町の風景から受ける印象も大きく変わるのではないでしょうか。知り合いに、屋根の上でクルクル回っている換気用の小さな煙突や、道端で放置されている廃自動販売機なんかを見つけては写真に残してコレクションされている方もいますし、そういうちょっとした対象で構わないですので、自分だけのささやかな興味の対象から生活の中に新しい彩りを感じていただければ、さらに日々や町が楽しく変わるのではないかと思います。

佐藤　ありがとうございます。実はね、ほんとはね、私、そこもやりたかったんですよ。「どうして発見するか」というみなさんの眼を語ってもらおうと思ったんですけれども。ちょっとセッティングを間違えてですね、辛辣な方向に行っちゃったんで、もう1回やらなくちゃいけないかもしれません。どうも長いことお付き合いただきまして、ありがとうございました。

註 8　アンケート用紙にダムを描いてくださったのは、134 名中の 38 名の方たち。無記名記入のため、掲載許可をいただいてないが、いくつかをご紹介したい（これは自分の描いたダムだ！という方は恐れ入りますが編集部までご連絡をお願いいいたします。press@musabi.ac.jp）

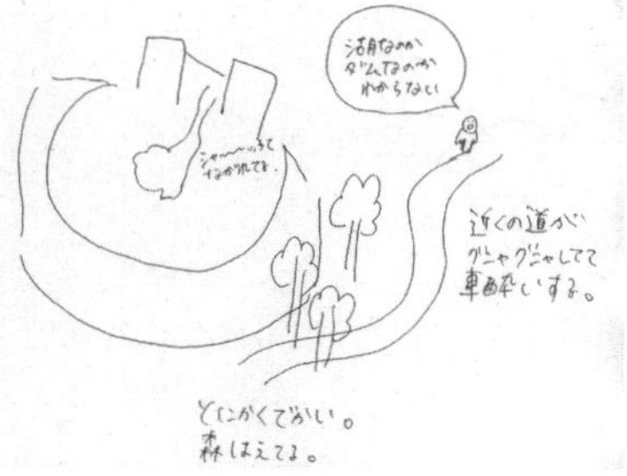

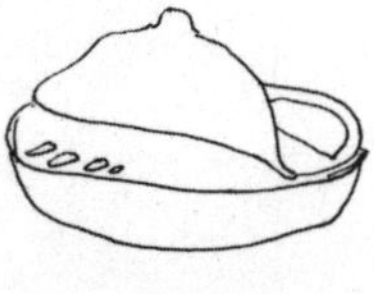

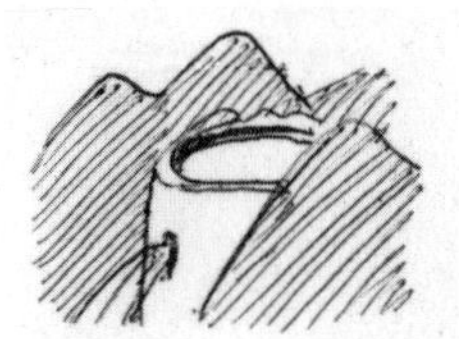

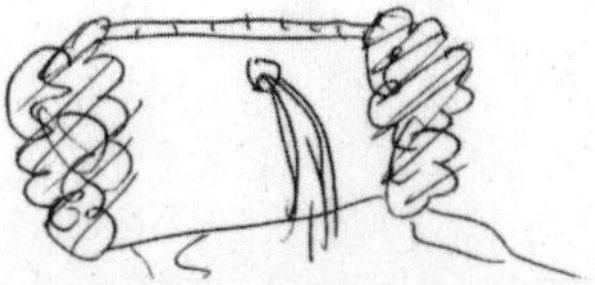

STUDY

STUDY #1 Hajime Ishikawa

石川 初

Landscape for the rest of us

私たちのための景観ガイド

カジュアルな「異景」

「ドボク・サミット（以下、ドボサミ）」の会場で上映された「ドボク・エンタテインメント・ランドスケープ」は圧巻であった。私は出演者の皆さんともそれぞれ面識があるし、写真集を手にしたり、他の講演会などでプレゼンテーションを拝見する機会もあったのだが、こうしてジャンル（?）を横断して一度に眺める効果は大きく、この「連続上映」は、もうその晩の夢に出てくるんじゃないかと思うくらいの迫力と説得力があった。

全体を通して、ドボサミからは実に様々な議論をひき出すことができる、ネタの豊富なイベントであった、ということを実感したのだが、そのうちのひとつとして「景観」をめぐる議論がある。以下、ドボサミ的な世界への接近が、「景観」という「私たちと世界との関係性」のありかたについて、無視できない問いを喚起している、ということについて述べようと思う。

なお、ここでは、企画者の佐藤淳一氏の用語に習い、「ドボク」を必ずしも既存の産業分野を指す言葉としてではなく、「今回の出演者がその関心を向けるような対象物全般」というような意味で用いることにする。

会場に身を置いて、今さらながらあらためて新鮮な驚きを覚えたのは、次々に繰り出される、放流するダムや水門の佇まいや、街路灯に浮かび上がるジャンクション、鉄塔と高圧電線のシルエット、水蒸気に霞むコンビナートの交錯するパイプ群、といった「景観」にまともに感動する私（たち）自身の、感受性のレンジの広さである。いや、ことさらに、いつまでもその「特殊性」を強調したいわけではない。出演者の語り口にときおり現れる、「マニアの少数性」を自ら揶揄するような、セルフアイロニカルな笑いが示すように、これらの美しさが、これまでとは異なる類いのものである、という自覚は（程度の差はあれ）ご自身たちもお持ちであるように見受けられはするものの、私たちにとってこれらの「景観」はもはや、「未知の衝撃映像」ではなく、もう少し身近な「異景」であるように思えた。

註1　たとえば、加藤典洋『日本風景論』講談社文芸文庫（2000年）、宮城俊作『ランドスケープデザインの視座』学芸出版（2001年）、岡田昌彰『テクノスケープ―同化と異化の景観論』鹿島出版会（2003年）など。

ドボサミ的景観をある程度親しいものにしている理由のひとつには、ドボサミが注目するような対象はすでに、新しい景観の典型として認知され、受け入れつつあるという、「時代背景」があると思われる。社会的に共有された景観モデルが時代とともに変容することや、いわゆる「脱工業社会」において、工業景観、産業景観が「再発見」されつつあることなどは、既に何十年前から様々に指摘されている（**註1**）。工業景観の、観光資源としての活用を試みている自治体まである今日、様々なメディアに「ドボク」的美学による表現を見い出すのはもはや容易である。私たちが目撃しているのは、新景観の登場というよりも、こうした新景観がポピュラーになってゆく過程なのだろう。

もうひとつは、彼らの「態度」というか、「姿勢」によるところが大きい。ドボサミ的景観は、単に従来の価値観や美的感覚に揺さぶりをかけることが目的で選ばれているわけではない。「ドボク・エンタテイナー」の仕事からは、「アート」の匂いがほとんど（というかぜんぜん）しない、という特徴が共通している。そのプレゼンテーションから感じるのは、同好の士を集めたい、とでもいうような、「共感を呼ぼうとする趣味人の呼びかけ」である。つまり、決して前衛を気取っているわけではなくて、きわめて「本気」なのである。これが、「アートとしてのドボキズム」ではなく、「ドボク・エンタテインメント」あるいは「リサーチ・エンタテインメント」と名付けたくなるゆえんなのだろう。

「景観」という関係

さて、いうまでもなく、「ドボク・エンタテイナー」は土木構造物や生産施設を建設して楽しんでいるわけではない。彼らはあくまで、そこに既にある様々なものを眺め、それに喜悦を見い出す観察者／鑑賞者である。彼らはその「眺め」を切り取り、共有可能な形に（たとえばスライド上映が可能な写真データにする）加工して、私たちに見せてくれる。

私たちが自らを取り巻く環境／世界と結ぶ関係

のありかたとして、「眺める」というのはたぶん最も原初的で、根源的なものである。「眺める」は、環境／世界との物体的な応答をなさない、つまり、直接手を下して環境を改変したりするわけではない。しかし、その行為は、私たち自身の居場所、環境／世界の中での自分の位置の自覚に深く関わっている。私たちは、環境／世界を眺め、そこにある脈絡や秩序を読み取る（思いつく）ことで、自らの視点を定位し、それによって自分自身の存在感を得ようとする。「景観」はこのような、私たちと世界との間に生じる「眺め」を介した関係のことである。

だが、自分を取り巻いている環境／世界をすべて理解し、納得することは不可能である。世界は広いし、見えてしまう物事は多すぎるし、多くのものはささやかな納得を越えて理不尽に屹立している。だから、「納得」のしかたは実は限定的で表面的で部分的である。

そこで、私たちは、眼に見える多くのものを見慣れてしまう。見慣れるとは、物事の存在をいわば受動的に肯定することである。私たちの周囲には、そのようにして「背景化」した「その他の世界」が取り巻いている。こういう、見えてしまうが、「見て」はいない景もまた「景観」と呼びうる（註2）。

「見えるもの」はそこらじゅうにある。しかし私たちは見えるものすべてを了解し、自覚的に眺めているわけではない。このような、二重の景観について、社会学者の若林幹夫氏は、それと知って自覚的に眺める景観を「対自的景観／強い意味での景観」、見えてしまうがそれとは意識しない背景を「即自的景観／弱い意味での景観」と呼んだ。

若林氏は、たとえば首都高に覆われた日本橋の実物をほとんどの人が「実際には見ていない」ことや、記号として強大な「新宿駅」が、実際の景観としては輪郭がない、という例をあげながら、地理学者のエドワード・レルフの言葉を引いて、「二十世紀の後半は、ほとんどの人が自分の周囲に関する知識なしに暮らせるようになった初めての時代」かもしれず、多くの人

註 2　イーフー・トゥアン『空間の経験』ちくま学芸文庫（1993 年）

註 3　若林幹夫「景観の消滅、景観の浮上」、『10+1』43 号「都市景観スタディ」INAX 出版（2006 年）所収。なお、同書には他にも「景観」に関する興味深い論考が多く掲載されている。

が「借用した情報を使い、ガイドブックを読み、標識に従いながら都市を見て回ること」が十分可能になった時代であり、現代の都市では、雑誌やウェブサイトなど、様々なメディアに流通する情報と、都市にちりばめられた記号とを照合することで暮らしてゆくことができる、と述べている。

「そこでは強い意味での景観が対自化される契機は、世界への日常的なかかわりのなかから消去されてゆく。都市における日常的な生活のなかから日本橋の景観を覆い隠しているのも、その上に架かる高速道路それ自体ではなく、そのような道路を使うことで周囲の景観を消去し、あるいは背景化して、そこに配置され、浮遊する記号やイメージを仲立ちとして都市や世界と関係する私たちのかかわりの形なのだ。」

「そして何より、全体としての都市のイメージや、都市のイメージの内部での位置や方向を示す強い意味での景観などなくとも、私たちは弱い意味での景観とそのなかの記号やイメージのなかで暮らしていくことができる。」（註 3）

以前、建築系の学生が集まるワークショップで、参加した学生のひとりから「京都の街並みはテーマパークにしか見えない」という、おそらく本気の主張に接して驚いたことがあったのだが、たしかに、私たちの多くにとって、京都のイメージは実際に訪れるよりも前にたびたび目にする、電車内の旅行広告写真であったりする。京都が生活の場ではなく、あくまでも一時的に訪れる観光地として思い浮かべられるとき、それは観光客向けに「演出」されたテーマパーク的景観に見えるだろう。

現代の都市では、目に映るほとんどの事物が商品として「デザイン」されているか、あるいは消費の対象ではないにも関わらず、商品にかぶれたデザイン（市民の感心や称賛を期待して記号的な意匠を施された公共施設：花柄のガードレールやキャラクター入りマンホールなどというような）が施されている。都心の拠点再開発によって建てられた、都市の「ランドマーク」さえ、一歩その内部へ入ってみると、そこは郊外のショッピングモールと変わらない商業空間である。

あるいはまた、私たちが普段、もっとも頻繁に目にする「都市の景観」は、購買意欲を喚起するべくチューニングされた、既製の都市生活のイメージに塗られた住宅群である。

むしろ、景観の虚構性それ自体も娯楽的な「お約束」として作られているテーマパークよりも、商品として演出された住宅の街並みのほうが、より深刻で巧妙なフィクションである、といえる。そこでは辛うじて見い出せる（ような気になる）「強い景観」ですら、仕組まれた景観なのである。

「ドボク」というリアリティ

「ドボク・エンタテイナー」は、このような現代の都市にあって、あえて「リアリティ」を見い出そうとしているように見えるのである。「ドボク・エンタテイナー」もその表現のためにウェブサイトや書籍といったメディアを多用するが、それでもなお、消費されるイメージや記号に還元しきれない実在の手触りのようなものをドボサミ的景観は有している。つまり、写真に撮ってスライドにしたくらいでは消えない実体感が「ドボク」にはある。それを私たちは愛でている。

今回、それぞれ対象は異なるものの、いわば「リアリティの強度」を支える特徴として、いくつかの共通点が見られたように思う。以下、それを羅列してみよう。

〈エンジニアリングの卓越〉

多くの土木的施設は、その施設に課された機能の切実さ、期待される使命の強大さによって、余計な意匠の余地が奪われている。「シャレている余裕」がない。これは、軍事施設や公共交通施設などにも顕著な特徴である。エンジニアリングの卓越は、形態（外見や形状）の切実さを形成し、安直な「物語」の介入を拒否している。

〈 超身体的スケール 〉

その「切実な形状」のひとつの特徴として、桁の外れたスケールがある。「ドボク」物はしばしば巨大である。ダムも高速道路も堤防も、そのサイズにおいて、目前に身を置いた人をして途方に暮れさせるような「大きさ」をしている。その巨大さはそのまま、その施設の製作者と、個々の私たちとの意匠的コミュニケーションの不在を示す。つまり、その「でかさ」が端的に、私たちと等身大の対話をする気がないことを示している。

都市の基盤技術の一部が巨大に「物体化」する傾向があるのは、その技術が支えるシステムの巨大さによっている。それを要請するのは私たち個々の都市生活である。都市の基盤技術は、いつの間にか集積した「個々の事情による問題」を、あるとき一気に解決すべく投入される。

私たちの環境への要求はけっこう保守的である。生物種としての人間の生存のニッチは、地球上にありうる環境条件のなかでも非常に狭い範囲でしかない。私たちが集団で作り上げる都市が行う、既存の土地や環境の改変の大規模さは、私たちが望む最適環境とその土地の環境との乖離の規模なのであり、それは逆に私たち自身の生存環境への「応用の利かなさ」を示してもいる。

〈 氷山の一角 〉

「巨大さ」とも関係するが、「ドボク」物はたいてい、そこに見えているものよりもずっと大きな事情、大きなシステムの一部である。「ドボク」物はその切実な形状や規模の巨大さのために、自己目的的な施設に見えない。つまり、「ダムのためのダム」はないし、「そこにあるためだけの水門」はない。ダムも水門も、「何かのためのもの」であり、またそのように見える。

一方で、多くの場合、その「何か」、つまり「ドボク」物を要請したシステムや事情は巨大すぎて、その全体が見えない。ダムも水門もネットワークの中で機能している施設であるが、それらひとつひとつを眺めることはできても、治水システム全体を一度に見ることは不可能である。

あるいは、工場景観もよい典型である。工場はその全体を一度に目撃することができない。工場景観は必ず、工場の「部分」であり「断面」である。

しかし、その「部分」はどこを切り取っても、実に「何かの役に立っている」という実体感を放っている。うねるパイプからボルトひとつひとつまで、工場のそれはすべて「意味」を感じ取れる。しかし同時に、その全体の中での意味を把握することができない。この、ひとつひとつの要素には意味が確かに感じられるが、同時にその意味を全体的に把握できない、という感慨は、たとえば森林や山岳などといった「自然景観」に対するそれに似ている。

「ドボク」という実践

さらに、対象物の特徴というよりも、鑑賞の態度に関することがある。「ドボク・エンタテインメント」の対象は、ダムや工場のように解釈の余地なく「ドボク」的なものばかりではない。ものによっては、ある操作によってその「ドボク」性を露わにする場合がある。

ジャンクションや団地に向かう大山氏、鉄塔を追う長谷川氏のように、建築のスケールに近い物体を対象にするプレゼンテーションに、特有の手続きへの固執が感じられるのは興味深い。

たとえば、団地は通常、他の建物と並び立ちながら街の中にある。団地を普通に「住宅」というカテゴリーに収めているのは、並び立っている他の建物との関係である。大山氏はこれを、カタログ写真のような正対構図で切り取ることで、都市の文脈から切り離して、場所性や生活感に覆われていた団地の「潜在的ドボク性」を露にしてみせる。

あるいは、鉄塔は通常、日常的な街の景観の中でそのネットワークから切り離されていて、所在なく屹立している。長谷川氏は、電線を辿るという観察行為によって、街の文脈とは異なる「鉄塔の論理」を浮かび上がらせる。

「団地」も「鉄塔」も、プレゼンテーションの際に独特の「命名」が施されているという特徴が

参照文献
安彦一恵、佐藤康邦編『風景の哲学』ナカニシヤ出版（2002年）
田中純『都市の詩学　場所の記憶と兆候』東京大学出版会（2007年）

あるが、そのように遊ぶ「素材」として、見慣れた文脈から一旦切り離すという「手続き」が施されている。
ドボサミ当日のシンポジウムで出た「機能的に作られていることが、必ずしもそれに魅了される『理由』や『条件』ではない」という発言は印象的であった（p.127、大山）。それを聞いたとき、一見そのままで「ドボク」的に感じるような、ダムや水門についても、それらに「会う」ために遠路はるばる行くというプロセスが、実はその「手続き」になっているんじゃないだろうか、という気がした。

「機能美」といういいかたがある。しかし、ここで注目されている「ドボク」の魅力は「機能美」というよりも、「機能が優先した結果として露呈してしまっている物体のリアリティ」とでもいうべきものである。機能はきっかけのひとつに過ぎない。重要なのは、その「リアリティの希求」とでもいうべき行為であり姿勢なのだ。
つまりドボサミは、見上げるような「ドボク」物の鑑賞に出かける誘いでもありながら、同時に私たち自身の日常的な風景の再発見を促してもいるのである。「美しい景観」とはいいがたいような見慣れた景色が、ふと違って見える、そういう瞬間を、「ドボク・エンタテインメント」的アプローチは拾い上げることができる。あるいは、見慣れた景色の中に、輪郭を持った「リアリティ」を見い出すすべを、「ドボク・エンタテインメント」的アプローチは持っている。
既成の物語をかいくぐって、「私の景」の獲得のために主体的にコミットする、「ドボク・エンタテインメント」は現代の都市における、私たちのための「景観サバイバルガイド」なのである。

STUDY #2 Miyota Kazuhiro

御代田 和弘

土木をつくる、景観をつくる

土木とドボク

最近の「土木マニア」のメディアへの露出は目を見張るものがある。ネットを中心としてきたその活動は、今や書籍、イベントへと広がり、TVや雑誌でも目にする機会が増えてきている。そして、彼らはその対象を「土木」ではなく「ドボク」と呼ぶ。彼らの説明によると「機能重視で出来上がった土木的な構造物」をカタカナ表記の「ドボク」と呼ぶということらしい。土木側の人間からすると、なんだかややこしい。

その彼ら「ドボクマニア」が一堂に会するという「ドボク・サミット―リサーチ・エンタテインメントの可能性」に参加してみた。この日壇上に集った5人は、それぞれダム、水門、ジャンクション、団地、鉄塔、工場のマニアである。

ダム、水門、ジャンクションは明らかに「土木」である。鉄塔はどうかと言うと、実は電力土木という分類にあたり、これもれっきとした「土木」だ。工場はどうか。工場は、その種類も多様であるため一概には言えない。種類によっては「土木」の範疇に含まれる。さすがに団地は「土木」ではないが。

そんなことであれば「『土木・サミット』でいいよ」と言ってあげたいところだが、きっとそんな正確な分類等どうでもいいのだろう。見る人が巨大構造物等を見て純粋に感じる「かっこいい」とか「でかい」という感情を「ドボクだよね」と言って楽しむところに意味があるのだろう。しかも、「カタカナのほうがなんかイイよね」という“ノリ”で、あくまで主観的な見方、捉え方で楽しんでいるのだ。

ここでスタンスを明確にしておきたい。私は土木業界の人間であり、これまでに河川空間や水門、ダム等のデザイン、地域の景観計画等に携わってきた「作り手」側の人間である。そしてマニアの方々は当然「使い手」側の人間だ。私は、作り手の立場にいて、今の土木の世の中からの「孤立感」を常々感じている。業界の中だけで完結していて、本当に使い手とつながろうとしているのだろうか。

私が今の土木に一番強く感じていることは、「作り手」と「使い手」のコミュニケーションが希薄だということであり、もっとつながりを持つ場が必要であるという考えを持っている。そして、このきっかけを作るために、土木の本業の傍ら雑誌での連載やイベント等の活動を行っている。そんな立場からドボクマニアの活動を見ると、これもコミュニケーション手法の一つとおぼろげながら感じていた。

そんな折に訪れた「ドボク・サミット」。もともと彼らを否定はしていなかったものの、「ドボク、ドボク」と騒ぎ立てているようにも見え、純粋土木の人間からするとなんだか釈然としない気持ちは確かにあった。所詮、「お遊びの連中の一時的なにぎやかしだろう」という思いも持ちつつ、しかしなんだかこの盛り上がりは気になる、うらやましい。妙なジェラシーを持ちながら「ドボク・サミット」に足を踏み入れた。が、彼らの考えは意外と深かった。彼らの純粋に「ドボク」が好きだという気持ちの強さはある程度予想していたが、土木のあり方にまで言及しそうな雰囲気と可能性を感じ、正直驚いた。

ドボクマニアの活動は、確かにコミュニケーション手法の一つである。しかし、ここで自分が身を置く「作り手」の立場から考えると、「使い手」の盛り上がりをただ眺めているだけでいいのだろうか、という疑問にぶち当たる。実際に土木を作るのは当然「作り手」である。作り手が使い手目線をもつことは大切だが、使い手の動きに感心しているだけではいけない。ましてや使い手が作り出すムーブメントに惑わされてはいけない。作り手側のアプローチは当然作り手が考えなければいけないのだ。

「ドボク・サミット」に出演した面々のように、今「使い手」は急速にその存在と価値観を世の中に広めつつある。では「作り手」は何をすべきか。

土木の“もがき”

土木は知られていない。正確に言うと知られていなくは無いが意識されていない。もしくは、正確に何が土木かわからないが、なんとなくは知っている。世の中的にはそんな程度の認識だろう。でも実は、土木は日々の生活の至る所に存在し、それを私たちは毎日利用し眺めている。
道路、鉄道、橋等の交通基盤、災害からまちを守るダム、水門、堤防、護岸等の防災施設、さらには、電気、ガス、水道等のライフライン、これら全てが土木である。
また、さらに細かく見ていけば、道路の中にある信号、ガードレール、標識、照明といった付属施設も土木であり、駐車場や駐輪場、バス乗り場やタクシー乗り場までも土木の領域なのである。
こうして見ると、無意識に繰り返している日々の暮らしの下地は全て土木がつくっていると言える。意識するしないに関わらず、毎日利用し、毎日眺めている。誰に対しても土木は身近で大切な存在なのだ。

土木の特徴は、人の生活と密接に関わっているということに加えて、寿命が長いこと、規模が大きいこと、関わる人が多いこと等が挙げられる。それ故、土木の役割は大きく、土木がもたらす影響もまた大きい。土木は、利便性の向上、災害対策、生活基盤の維持、環境対策等、様々な役割を持つが、作られた施設や街は、何十年、何百年とその場所に存在し利用され続け、地域の一部となり、結果として国土を作り上げているのだ。
このため、構造物の本来的な機能だけが土木の役割では無く、その先にある風景・環境の変化や地域社会・暮らしぶりへの影響まで考えることも土木の役割である。
残念ながら、土木の大切さはあまり人々に意識されていない。それは既に「あって当たり前の存在」となっているからだ。土木を知っているという人たちについても、そのイメージは偏っている。工事現場、巨大構造物の建設、人の迷惑になったり環境改変の要因となったり、そんなところばかりが目立ってしまう。工事だけが土木ではない。工事は、土木の一部であり、そこに至るまでに調査、計画、設計という段階を踏む。またこうした一連の建設行為に限らず、まちづくりや観光といった形に現れないものも土木の範疇となることがある。だから、知ってもらいたい対象は全ての人なのである。
これまでに土木業界は、こうしたマイナスイメージを払拭しようと色々な方法でチャレンジをしてきた。工事現場の説明会やPR、住民参加型の事業推進、インターネットを活用した意見募集等。しかし、結果的には一部の人々の関わりしか得られなかった。
個別事業ごとに色々なチャレンジをしてきたわけだが、その事業や工事が終われば忘れられる。その時その時の効果は得られても、個別的一時的なものにしかなっていなかった。

土木業界の多くの人たちはこう思っているだろう。「がんばってるのに、何で分かってくれないんだ…」。しかし、わかるように伝えなければわからない、ましてや伝えていることを知ってもらわなければわかるはずも無いということである。誰に対して何をどうやって伝えるのか。残念ながら土木業界は「伝えること」が苦手で、みんな悩んでいるのである。土木の役割と重要性を広く知ってもらいたい。正しいことをやっているのにうまく伝えられない。土木はもがいているのだ。

作ることで伝える

土木は使われてナンボである。人々の生活のために作るものであるから、当然使ってもらいたい。そして作ったことを知ってもらいたいし理解してもらいたい。職人やデザイナーといったものづくりに関わる人達が思う当たり前のことを、当然土木技術者達も思っているのだ。では、土木を作るとはどういうことか。作ることについてすこし話してみたい。
土木は単体の構造物を作るだけではなく、暮らしをつくり、まちをつくり、風景をつくっている。様々な人や物、事象と関わり、それらが複雑に絡み合って土木は成り立つ。だからこそそれらの関係を考え、具現化していかなければならない。そうした幅広い視野、多角的な視点が土木技術者には求められる。

昭和初期までの土木技術者達は、その時代の背景もあって、皆、高い志と熱意、プライドを持って国土づくりに取り組んでいた。昭和30年代に高度経済成長期を迎えると、急速な都市化が進む中、土木事業も経済性、施工性を重視し、合理的な設計・施工へと移り変わっていった。

そして、突然訪れたバブル期。この時代の土木事業は「景観デザインブーム」とも呼べる程、様々な姿形の施設が現れた。この頃に「景観やデザインはお金がかかるもの」という間違ったイメージが植え付けられたのだと思う。その反省からか、近年では景観法が施行され、地域のあちこちで景観問題が起こるなど、景観に対する意識は高まり、様々な議論が行われつつある。

それでは、現在の土木技術者の意識はどうか。皆が景観づくり、国土づくりに対して熱意、プライドを持って取り組んでいるかというと、そうとは言えない気がする。

今の土木業界の設計業務では、「景観」は「設計」と別物という意識が根付いている。例えば業務の名称が「景観検討業務」だったり、「設計業務」の中の一項目として「景観検討」が入っていたりするのだ。つまり「景観検討」が入っていない設計業務では、景観やデザインのことを考えなくていい、ということになる。そもそもデザインは付加的なものではないし、本来ならば一人の技術者が景観やデザインを考えながら設計することが理想であるはずなのに、結果的に、景観検討ができない土木技術者と、景観検討を得意とするデザイナーとが存在しているのが現状である。

高度経済成長期以降、日本の土木のほとんどはデザインに対する意識が低いまま作られ続けてきたと言える。その結果、街中には様々なものが姿を現した。何も考えない機能・構造そのままのもの、地域の特産品を土木施設で表現したもの、必要以上に華美な意匠を施したもの。こうした何でもありな状況とは、個の価値観が好きなように街中に露出している状況であり、街としてのまとまりや群としての価値観が全く意識されていない状況である。これらの施設

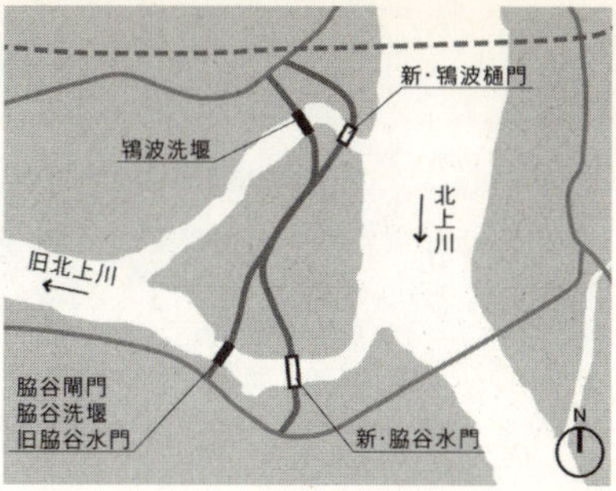

旧北上川分流施設（著者作成）

や景観は、残念ながら土木のデザインとしては評価に値しない。

土木のデザインで大切なことは何か。その一つに「関わり」が挙げられる。土木は、常に施設単体だけで完結せず、周辺地域や住民との関わり、自然との関わり、関連する他の施設との関わりの中でその役割を果たしている。また、作るうえでは、造形と経済性、安全性、施工性等との関わりも大切になる。そして、「関わり」とともに大切なのが「思想」だ。どうあるべき、どうしていくべき、このことを論理的に明確にしていくとともに、使い手に伝え共有することが重要である。「作り手」ができる一番最初のコミュニケーションとは、「きちんと考え作ること」なのである。

ここで私が携わった「北上川分流施設」の設計を例に、私が考える土木デザインを紹介したい。

岩手県から宮城県にかけて流れる北上川と旧北上川の分流点にある分流施設（鴇波洗堰《ときなみあらいぜき》および脇谷洗堰・脇谷閘門《わきやこうもん》）は、北上川の洪水対策として大正後期から昭和初期にかけて整備された施設であり、約70年もの間機能し続けてきた。しかし施設の老朽化が著しく、また現代の治水計画において機能を満足できなくなったこともあり、新規に水門と堤防整備の計画が求められることとなった。

この際に、旧施設の歴史性や技術面での希少性、貴重性を踏まえ、これらを活用しながら地域の文脈と調和する事業計画を検討するために、建設省北上川下流工事事務所（当時）は「分流施設計画検討委員会（篠原修東京大学教授：当時）」を設置し、具体的な治水施設の計画・設計が行われた。私は、このプロジェクトにおいて当時所属していた株式会社プランニングネットワークのスタッフとして景観検討に携わり、委員会における議論ならびにアドバイスを踏まえて、考えを具現化していった。

新規施設のデザインのポイントは以下の3点である。

旧施設：脇谷閘門、脇谷洗堰
通船のための閘門と流量調整のための洗堰とが一体で造られている。さらに写真左側にはトンネル状の旧脇谷水門がある。

新施設：脇谷水門
旧施設のプロポーションを意識した左右非対称のデザイン。通船部はゲートの高さを抑えるために2段ゲートを採用した。

・既存風景、既存施設との関わりを考えたデザイン
・眺めとの関わりを考えた配置と形状
・施設単体としてのあり方　（ボリューム軽減、色、細部の形状）

このプロジェクトにおいて、最も重要な点は、新施設の整備とともに機能を終える旧施設を、撤去せずにそのまま地域の景観資源として保存することにあった。

長年にわたり役割を果たしてきた施設への敬意ということだけではなく、デザインを含む当時のエンジニアの技術や国土を守る強い意志をその存在から後世に継承するという点と、何よりその地域の風景に既に馴染み親しまれている固有の景観要素としての価値という点からも、「保存」と言う判断の意義は大きい。これにより土木構造物による"歴史の積層"という貴重な景観が得られたのである。

そして、この英断をさらに活かすために、新施設のデザインにあたっては、旧施設との関係性に配慮したデザインとすることを基本とし、形態的な関わりが感じられるような基本形状とすることを委員会で決定した。また、詳細デザインについても、篠原修（政策研究大学院大学教授）、中井祐（東京大学准教授）、岡田一天（プランニングネットワーク）を中心に検討を行い、脇谷側は、閘門と洗堰が一体となった旧施設の非対称の形状に合わせるように、通船部を持つ左右非対称の形状とし、鴇波側は、垂直方向の突出が無い旧施設の形状を踏まえ、堤防から突出する水門形式ではなく堤防に埋没するライジングセクターゲートによる樋門形式とした。

細部のデザインについては、水門、樋門を構成

旧施設：鴇波洗堰
堤防が窪む形で設置されている洗堰。
洪水時はこの上を越流する。

新施設：鴇波樋門
堤防上に操作室が飛び出すことを避けるため、ゲート形式については入念な検討が行われた。（写真提供：佐藤淳一）

する操作室、ゲート、堰柱等の要素間の関係性に配慮しながら、操作室の規模縮小、全体のプロポーション、表面処理やゲート・金物の色彩等、詳細検討を行った。
旧施設を残しながら新旧の施設が呼応する関係性のあるデザインを適用できたことが、このプロジェクトの最大の特徴であり、成功の大きな要因と言える。
また、このプロジェクトに関連して、北上川と旧北上川へ分派する2つの水路に囲まれた三角形の中洲状の地形を大規模な河川公園とする計画を、新規施設設計と並行して関連する自治体によって検討されていた。
現状ではその姿はまだ見られず、実現の可能性もわからない状況であるが、土木施設を活用しながら人々が集まり利用する公園空間を整備することは、まさに土木施設の役割や魅力を間近に感じてもらう良い機会を生むことにつながり、そこからコミュニケーションは生まれていく。

土木のデザインは、形の美しさだけでは成り立たない。そこに存在する理由、意味、必然性が感じられ、その場にあることに違和感を感じさせないことが重要である。そのためには、周囲の風景、周囲の施設、周囲のライフスタイル、これらと施設との「関わり」を考えることこそがデザインと言える。また、それが置かれたことによる地域文化や住民の記憶への影響、新たな景観体験や自然現象、こういったことまでもがデザインの範疇と考えられる。
古いものと新しいもの、人と施設、風景と施設、施設と施設。様々な物と物、物と現象の関わりによってデザインは成り立つ。土木のデザインとは「関係性のデザイン」である。そして、北上川分流施設のように、その関係性は時間をも超越する。
永続的に利用され、また機能や関係性までもが受け継がれていく土木において、デザインが完結することは無いのかもしれない。そして、このことを作りながら伝え続けなければいけない。

作り手と使い手のコミュニケーション

作り手と使い手のコミュニケーションを考えるときに、現状の大きな問題と考えられるのが、作る側も使う側もお互いの存在をあまり意識していない、ということだろう。
作る側の多くは、作ったものがどのように眺められ、どのように使われるかはあまり考えず、システマチックに設計し施工する。使う側は、できたものは使うが、なぜできたのか、誰がどういう考えで作ったのかはあまり意識しない。
最近では、住民参加や意見募集、イベント開催等でコミュニケーションの機会が増えているが、もっとそのこと自体を多くの人に知ってもらうことも大切だろう。
通常の商品販売であれば、作り手と使い手のコミュニケーションが明確だ。必要としなければ購入しない。作り手は、購入して欲しいから何を必要としているかを考える。出来た後の使い手の反応で全てが決まる。
土木の場合は少し違う。使い手のことを考えて作られるが、できてしまったらそう簡単には後戻りできない。土木事業の評価については、多くの人々が関わり、多様な視点、多用な価値観から評価されるため、その手法を明確にすることは土木の性格上難しいことではある。だからこそ、常に作り手と使い手のコミュニケーションを意識することで評価のブレを小さくしていくことが大切なのだ。
双方の意識とは無関係に土木はつくられ、街や風景は変化していく。そうなると、使い手は自分達の意思とは無関係にでき上がったものを受け入れるしかないのである。土木は商品のように選べない。一人の好みで形や位置は決まらない。しかし、地域としての意思によって選べたり決めたりすることはできる。一人一人の意識が変わりコミュニケーションを取ることで、そうした広がりにもつながっていくのである。
作り手と使い手のコミュニケーションのためには、「作り手」は自分達が行っていることをきちんと説明する必要があり、また身の回りで起きている様々な“土木現象”を意識してもらい知ってもらうことが重要で、まずそこからコミュニケーションが始まる。
そして、「使い手」には、毎日の生活の中で土木を意識し、関心を持ってもらいたい。この時、ドボクマニアの活動が、作り手のメッセージを多くの人達に気付かせ、より深く知ってもらうきっかけをつくってくれると感じている。

この先の土木とドボク

作り手と使い手のコミュニケーションが成熟したときに考えられることが、土木や景観に対する価値基準、評価のあり方だろう。特に誰もが目にし、多様な主観で評価できる景観については、何をもって良いとするのか、極めて難しい問題となる。

景観を評価するとき、一つの拠り所となるのは豊富な知識と経験に裏付けられた専門家の判断だ。しかし、一方でドボクマニアによる一つの景観の解釈手法が広められ、認知されてきている。こうした既に起きている現象や、その効果・影響は無視することができない。

景観は誰のものか、誰が景観価値を判断するのか。景観の価値は、誰かが発見しそれを世の中に知らせることで認知される。となると、景観価値は誰もがつくり出せて、その価値をいつでも変えられるという可能性があるのかもしれない。景観を発見し、景観価値を付与することは自由だ。しかし、それが全て「良い景観」となるかどうかは別の話である。
ここで使い手と作り手の大きな違いを示すと、「使い手」である土木鑑賞者は、基本的に行って見ることを楽しむことが目的であり、そこには対象物に対して「好き・嫌い」が発生する。しかしそれは「良い・悪い」と同義ではない。「悪い」と思いつつ好きだったり、「良い」とは思うけど気に入らない、ということがある。個人が楽しむ限りではそこは曖昧でも問題は無い。その価値基準に論理も求められない。主観的な価値判断で良いのだ。

一方、「作り手」である土木デザイナーは、「良い・悪い」がはっきりしている。それはほぼ「好き・嫌い」と同義である。なぜなら自らが信じる思想に基づいて設計をするからである。物を作る時には、その場所に対して「良い」ことを皆に納得してもらうために、技術的裏付けと論理の構築、さらに形や空間の説得力が求められる。そして何より、客観的な価値判断が求められる。つまり、ある使い手が発見した魅力的に感じる一視点は、主観的価値判断の域を脱しなければ、その視点が一般的に「良い景観」とはなりにくい。逆に、その視点に対して客観的で論理的な評価を見い出せれば、それが一般的に「良い景観」として認められることにもなり得るということである。

「ドボク・サミット」は、こうした使い手の特殊な視点を披露し合う集まりと思っていた。しかし、ただ単に「使い手の視点」で片付けられない「使い手側からのアプローチ」の可能性を感じた。そして、コーディネーターを務めた佐藤氏のプレゼンテーションの中にいくつかの興味深い点を発見した。

・見て楽しむ以外の意義を見い出そうとしている。
・ドボクを見る側の反応や、見る人達への影響を意識し始めている。
・具体のものづくりへの反映を模索している。

これらの考えは、これまで個人の楽しみとして行っていたことが、多くの人達の共感を得るに至ったことで、主観的思考から客観的思考に変化し、次の展開を模索しているという状況に受け止められる。特に3点目については、ドボク・サミットの中でその可能性を垣間見た。ダムマニア萩原氏があるダムの解説の中で、天端に設置される施設が天端橋梁より上部に突出することを避けるために、施設を上流側に配置しているのだと思われるという自身の解釈を話した。

これは、ダムデザインにおいて作り手が必ず考えるとも言える一つの手法であり、その点を自らの経験から論理的に解釈しているという点が、具体のデザインへの反映の可能性を感じさせてくれた。
そんな興味深いプレゼンを聞いて、彼らが言う「リサーチ・エンタテインメント」の意味を考えてみた。前にも述べたとおり、主観的な物の見方を脱しなければ、単なる「面白い見方」でしかない。使い手側が主観的価値判断を越えて、客観的かつ論理的にその景観価値を伝えることができたとき、初めて“土木鑑賞者”から“リサーチエンターテイナー”に変わるのではないだろうか。この視点は、間違いなく土木への影響を与え得るし、「使い手」からのアプローチによる新しいコミュニケーションのあり方として期待ができる。

STUDY #3 Junichi Sato

佐藤淳一

ドボク・エンタテインメント宣言

2007年春からの1年間は、ちょっと不思議なことの起きた年として人々の記憶にとどまることになるだろう。なぜなら、わずか1年の間に次のような本が立て続けに出版されたからだ。

2007年2月『ダム』
2007年3月『工場萌え』
2007年8月『東京鉄塔』『恋する水門』
2007年12月『ジャンクション』
2008年1月『ダム2』
2008年3月『団地の見究』

いったいこれはどうしたことなのだろう。なぜまたこの年に、個人による土木構造物や土木的な建築物の写真集が、一斉に世に出るようなことになったのか。
これらの本はどれもハンディな判型で、2000円未満という手頃な価格であらわれた。そのことだけを見ると単なる表面的な流行なのかもしれないとも思う。いや、よしんば一過性の流行だとしても、その流行が発生するには、時代の欲求というものがなければならないはずである。人々はこれらの本に何を見ようとしたのか。ひょっとしてその根底にドボク・ツァイトガイストみたいなものが潜んでいるのか。この地下にそんな大仰なものが埋まっているなら、ちょっと掘って覗いてみたい気がする。

2008年6月15日、これらの本の5人の著者(ドボク・エンタテイナーと呼ぼう!)が一堂に会し、約300人の聴衆を前にプレゼンテーションを行い、話し合いをした。文字どおり「ドボク・サミット」である。実際に何が語られたのかは「シンポジウム」を読んでいただきたい。
以下は、問題設定はしたものの、十分に討議できなかった3つのテーマについて、自分なりに考えをまとめてみたものである。これでサミット議長としての責任を果たしたことにしてもらえるとうれしい。

註1　「ドボクの教室」
http://www.jsce.or.jp/contents/school.shtml

1.「ドボク」って何だ？

土木からドボクへ

ドボク・サミットは、土木構造物、あるいは土木的な建築物をひっくるめて言う適当な言葉がないので、仮に「ドボク」と呼んでみよう、という思いつきからスタートしている。ダム、水門、ジャンクションは文句なしに土木であるとして、鉄塔は空中にあるためか一見、土木っぽくない気もする。しかしインフラ系構造物なので、ちゃんと土木なのだ。工場が土木的であるというのは、生産のための機能だけがむき出しである点に着目しての解釈だ。団地の場合も、同じ集合住宅でもマンションのように売るための装飾を身にまとっていない。つまり住むための機能がそのまま形になっている、というインフラ性の観点から、土木的に見える。

ドボクとは、見てのとおり土木という漢語の、カタカナによる書き換えである。この書き換えは、ドボク・サミットがはじめての例というわけではない。御代田和弘らによるプロジェクト「TOKYO DOBOKU SOCIETY」をはじめとして、土木の業界内にもすでに見られる現象だ。土木学会のウェブサイトには「ドボクの教室」なるコーナーがあり、そこで以下のようにコメントされている。

「一般の方々や小中高生向けに、ドボクの魅力をわかりやすく伝えるコンテンツを揃えていきます。」（註1）

つまり、土木という字面から連想される旧態依然たるイメージを払拭し、新しい目で土木構造物や土木の行為を見直してほしい、というような意図が、土木の業界側にもすでに存在する。その意味圏の中では、しばしば土木はドボクと書かれているのである。

一般に、漢語をカタカナに書き換えて使うとき、人は何を期待するのだろう。たとえば携帯電話は、今ではよくケータイと表記される。これは機能を即物的にあらわした漢語表現が、指示対象の実態を背負いきれなくなったために起きた変化だ。カタカナ化によって、聴覚的には以前の指示対象を継承しつつ、視覚的には別の概念として見せる。それによって新たな指示内容を作り出し、変化を受け止めることが可能となる。日本人の感覚に対し漢語は限定的に作用するが、カタカナはユルさを許してくれるからだ。
携帯電話は広く普及し身近な存在になった。用途も拡張され、もはや電話は数多い機能のひとつにすぎない。携帯と書けば概念としての携帯電話だが、ケータイと書けばメールやネット利用、音楽プレーヤーやワンセグまで含んだガジェットであり、あるいはそのサービスのことである。表記によってリアリティや愛着の度合いまでもが変化するのである。
土木→ドボクもこれに似ているのではないか。土木という語が指示する領域の実態に即応するために、携帯をケータイにしたような変化の力が働いて、土木をドボクにした。それは土木の領域の拡張のみならず、それを鑑賞するというような立場の出現、つまりリアリティや愛着というレベルでの変化を飲み込んでいるのだ。

それってテクノスケープだろう

さて、そのドボク的なアプローチ、つまり土木構造物や土木的な建築物に対する新たな見方というのは、いつごろからあらわれたのであろうか。
建築雑誌『SD』の1995年4月号は「テクノスケープ」を特集している。風力発電施設、防潮水門、電波望遠鏡、防風壁、調整池、石油備蓄基地、ダム、発電所、下水処理場、工場、トンネル、橋、ジャンクション、擁壁、クレーン、ロケット発射台といった構造物を取り上げ、それらの景観としての独自性を浮かび上がらせ、ポジティヴに価値付けている(**註2**)。

「人間の活動とは、いってみれば<テクノロジー>を用いて地球に手を加え自分たちに適した環境を作り出すことであり、建築・都市を創る活動とは、畢竟、人工の世界を創造することにほかならない。とすれば、人工の埋立地、コンクリート河川堰、堤防による人工河川、人工島に建設される空港、石油基地、人工の渚や海岸、人工湖を作るダム…など現代都市のインフラストラクチャーさらにはドライブ・マシンの作る風景こそが、次の世紀に

註 2　『SD』9504、特集「テクノスケープ：テクノロジーの風景」鹿島出版会（1995年）

註 3　宇野求「テクノロジーの風景—人工世界の現在」、『SD』9504（p.16）

向けて私たちの都市建築の行方と方向性を問いかけているのではないか。（中略）今後そこに観察される景色の状態を表すことばを探し出していくことが私たちの課題となっていくだろう。」（註 3）

ここで使われているテクノスケープという表現は、テクノロジーが作り出す風景・景観のことであるが、建築家の視点として、人工環境の形成基盤としてのテクノスケープが、21世紀の建築思想とデザインに影響を与える可能性が示唆されている。その後21世紀になると、テクノスケープ研究は、岡田昌彰らによって景観工学という学問のひとつの領域として位置づけられるようになる。

こうしてみると、ダム、工場、鉄塔、水門、ジャンクション、団地という対象をひとことで示すための呼称としては、テクノスケープが適切なのではないか、と思われるかもしれない。しかしドボク・エンタテイナーのアプローチは、テクノスケープという語が示してきた姿勢と、必ずしも100パーセント重なるものではないように見えるのだ。実は両者の思い描く着弾点はかなり離れている。スケープとは景観、つまり基本的に「引き」の目であり、土木構造物のような対象をそれ単独として見るのではなくて、周囲の環境との関係性を含めて総合的に感知している。その上で見え方としてはできる限り安定化し、ひとつの新しい景観のあり方として意味付け、受容しようとするのがテクノスケープの見方であるように見える。

しかしドボク・エンタテイナーたちの視線は、必ずしも安定化を目指していない。引きの目もあるが、それでも対象となる構造物を凝視している。対象を周囲から分離して見ることもいとわない。対象を景観というフレームの中に入れて安定させてしまうのではなく、異質なものは異質なものとして、驚きとともに受け入れ、それに対峙するための新たな足場としての視座をさぐるのである。

会場アンケートにみるドボク

ここでちょっと目先を変えて、ドボク・サミットの来場者に対するアンケート結果を見てみよう。アンケートは配布数209、うち回収134で回収率は64%であった。

A

Q：土木構造物、あるいは土木的な建築物をひっくるめて言う適当な言葉がないので、「ドボク」と呼んでいることについてどう思われますか？

①と②、合わせて75%もの人がドボクなる呼称を肯定的に感じているということである。④については様々な提案があったが、対案を形成するほどの強力な呼称はあらわれなかった。意外なことだが、テクノスケープと呼ぶべきという回答が1件もなかったことは特筆すべきだろう。今にして思えば、テクノスケープを明示的に選択肢として入れ、ドボクと比較してみてもらうべきであった。

いずれにせよ次の設問の結果に見られるように、来場者はドボク・エンタテイナー的な鑑賞スタイルに対して肯定的な人々の集団であるから、この結果だけでドボクの認知の根拠とすることには無理がある。さらに会場アンケートの結果の考察を続けてみよう。

B

Q：ドボク・サミットを聴講されようと思った理由は？（複数回答可）

C

Q：どれにどのぐらい興味がありますか？ 興味の度合いとして…

この設問の意図としては、a 興味がある → b よく見るウェブサイトやブログがある → c 写真集などを持っている → d 自分でも見に行っている → e この件についてはわたしに任せて、という順にだんだんと「興味の強さ」が上がっていくようなイメージを抱いていたのだが、その意図をつかんで回答してくれた人と、ランダムに○を付けてくれた人がいた。集計を簡単にするために、興味の強いほうのマーキングだけをカウントした。たとえば「b」と「c」の両方に○が付いていた場合、「c」だけを数えた。

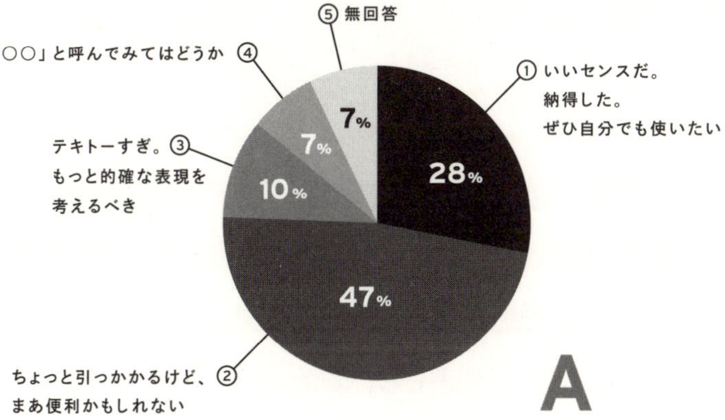
⑤ 無回答
「○○」と呼んでみてはどうか ④
① いいセンスだ。
納得した。
ぜひ自分でも使いたい
テキトーすぎ。③
もっと的確な表現を
考えるべき
7%
7%
10%
28%
47%
ちょっと引っかかるけど、②
まあ便利かもしれない
A

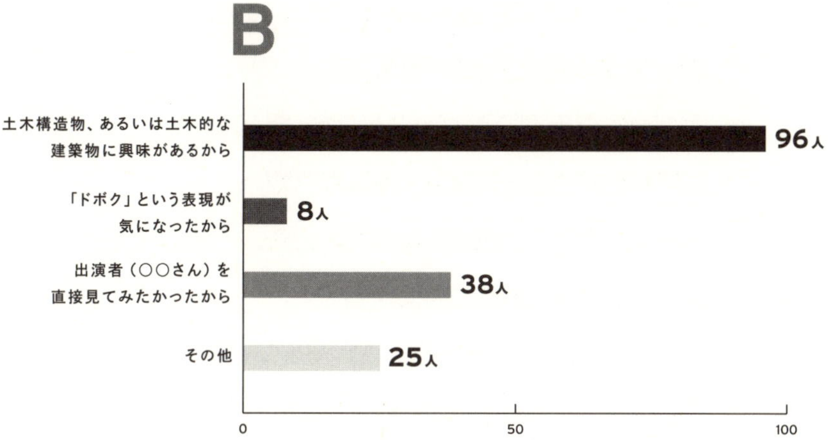
B
土木構造物、あるいは土木的な
建築物に興味があるから
96人
「ドボク」という表現が
気になったから
8人
出演者（○○さん）を
直接見てみたかったから
38人
その他
25人
0
50
100

C

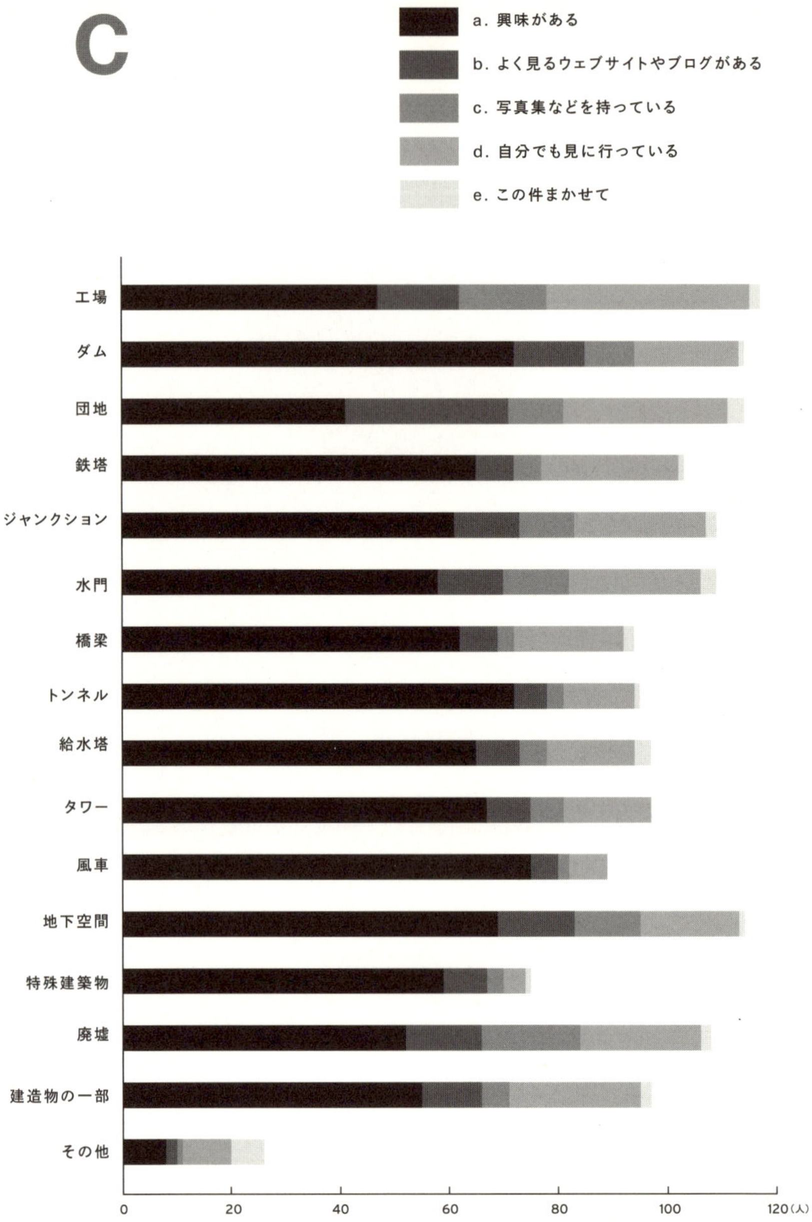
a. 興味がある
b. よく見るウェブサイトやブログがある
c. 写真集などを持っている
d. 自分でも見に行っている
e. この件まかせて
工場
ダム
団地
鉄塔
ジャンクション
水門
橋梁
トンネル
給水塔
タワー
風車
地下空間
特殊建築物
廃墟
建造物の一部
その他
0
20
40
60
80
100
120（人）

結果はかなり意外で、ドボクの範疇と想定されたこれらアイテムについて、ことごとく興味があるような回答をした人が多かった。ドボクの何かひとつが好きになった人は、他のアイテムについてもおしなべて興味を持つようになる傾向がうかがえる。また「その他」には、立体駐車場、工事現場、ガードレール、テトラポッド、エレベータ、坂、階段、サイロなどの農業物件…のように、この延長線上にはさらにアイテムが展開されることをうかがわせる回答が寄せられた。またなぜ鉄道がないのか、という指摘もあったのだが、鉄道は鉄道としてすでに十分な注目を集めているため、今回はあえて除外しておいたものである。

サミットで扱った代表的な6アイテムの中での興味の度合いの分布の違いを見てみよう。工場と団地で「a 興味がある」の比率が低い。これは、この2アイテムはファンの成熟度が高いということを意味しているのではないだろうか。これらのファンは単に興味がある段階をすでに抜け出しており、実際にさまざまに鑑賞活動をしているようである。

実は「廃墟」や「建造物の一部」はドボクの範疇をはみ出しているのかもしれないと思いつつ、入れてみたものだ。その結果は特に廃墟の写真集の所持率の高さが目立っている。廃墟までドボクなのか、というのは議論の余地があるが、予想どおりファン層は重なっている。実は、集計後すぐには気がつかなかったのだが、ここに状況を解釈するための、重要なヒントが隠されていた。

D

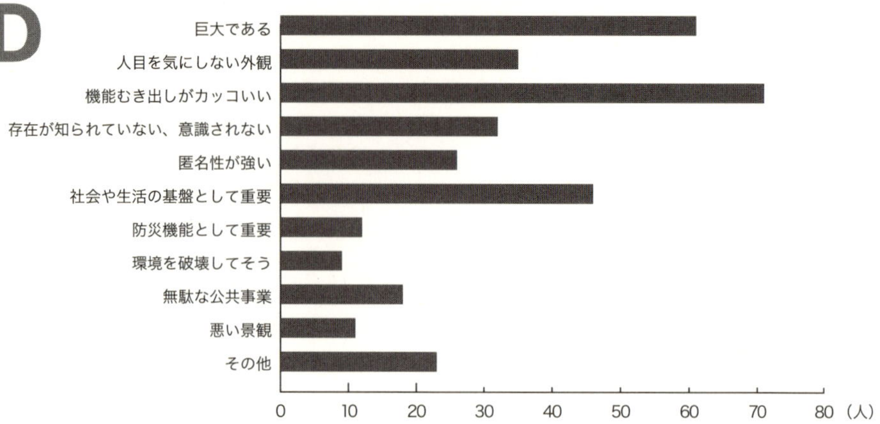

D

Q：土木と聞くと、どういうイメージを思い浮かべますか？（複数回答可）

結果だけ見ると、カッコよくて巨大でインフラとして重要。というイメージになってしまうのだが、これはファン集団から見たイメージなので、あまり参考にはならない。逆に言うと、土木に対してそういうイメージを持つ人たちが、サミットに多数参加してくれた、ということだ。

「悪い景観」は、「いい意味で」とわざわざ添え書きを書いてくれている人が何人かいた。「いい意味で悪い景観」というのは、この集団の中だけで通じるレトリックであるが、この価値の逆転現象が、一般とドボク・ファンの差異を考える際の、ひとつの着眼点となり得るのである。

ドボクと景観

アンケート結果を集計してしばらくたってから、ふたつの根の深そうな問題が埋まっていることに気がついた。ひとつは廃墟との関連性。もうひとつが、悪い景観が良く見える、という問題だ。

まず廃墟について考えてみたい。ドボク・ファンは、明らかに廃墟ファンと重なり合っている。このことは、冒頭に挙げたドボク・エンタテインメント写真集よりも多くの廃墟写真集が、同時期に刊行されていること、それらは書店で同じ場所に置かれていること、などからもうかがえる。実はこのふたつは関連していると見たほうが自然である。

宮田珠己によれば、バブル期以降、人が何も意味しない風景に惹かれるようになり、世界を廃墟のように見る人、があらわれたのだという。

註 4　宮田珠己『晴れた日は巨大仏を見に』白水社、2004 年（p.227）

註 5　坂口安吾『日本文化私観』講談社文芸文庫、1996 年（p.126）、初出『現代文学』1942 年

「バブル期以降、突如として風景に意味がなくなっているのである。それまでは歌詠み的風景であれ、探勝的風景であれ、生活的風景であれ、人は風景に何らかの意味を見ていた。ところが最後にいたって、何の意味もない風景を見るというように180度転換しているのだ。（中略）どうやらバブルのあと、人々の間に、風景の持つ意味や制度を極力無視しようという意識が、働いているらしい。」（註 4）

ドボクと廃墟は、存在としては正反対であるが、ある角度から見ると同じ平面にあるように見える。意味を排除し、外見だけを眺めるまなざしにおいて獲得される見え方。その角度からは、両者は同じ視線で見つめられることになるのである。それは宮田が引用する、坂口安吾のものの見方にもあらわれている。坂口は戦争中に書かれたエッセイの中で、小菅刑務所とドライアイス工場と軍艦を取り上げ、そこに「僕の郷愁をゆりうごかす逞しい美観」を見る。

「この三つのものが、なぜ、かくも美しいか。ここには美しくするために加工した美しさが、一切ない。美というものの立場から附加えた一本の柱も鋼鉄もなく、美しくないという理由によって取去った一本の柱も鋼鉄もない。ただ必要なもののみが、必要な場所に置かれた。そうして不要なるものはすべて除かれ、必要のみが要求する独自の形が出来上がっているのである。」（註 5）

坂口の言い方は機能主義を標榜しているようにも読めるが、宮田は「機能主義とはまるで違う

何かが息づいている」と看破する。それは神社仏閣とか日本三景みたいな風景ではなく、何の物語も、何の理念もないような、意味を押し付けない風景が美しいというものの見方である。

ドボクのファンがもし単純に機能主義が好きという人たちであれば、廃墟には興味を示さないはずだ。しかし実際にはそうでない。このことからも、多くのドボク・ファンは、用途や機能、あるいは背後の物語を排除し、解体され還元された形態や物質のあらわれ、だけに注目する見方をしているのではないだろうか。そうでなければ、工場と廃墟を等価に眺められるような視線の、説明がつかない。

次に悪い景観が良く見える、という問題である。前掲の『SD』1995年4月号の中に、「景観の現在」という中村良夫、三谷徹、宇野求による座談会が収録されており、ここにとても興味深い考え方があらわれているのを読むことができる。

この座談会の中で「悪い景観」という言い方はされていないものの、古典的な風景観による景観の中に、現代の構造物が入り込んできたときの破綻した状態のことが問題にされている。それに対し中村良夫は古典的な「絵になる景観」理念を捨てて、新しい景観の枠組みを描くことが必要であると説く。三谷徹は、風景とは風景画＝絵であり、たとえば「あのコンビナートは美しい」という見方は、絵による解釈ではなく、それとは違ったメディアによる新しい見立てなのではないか、と指摘する。

13年を経た現在、この座談会で語られた内容を考えると、ここではっきり示されているわけではないにせよ、あるふたつの考え方がその後、それぞれに発展していったのではないか、と思えるのである。

ひとつは、「悪い景観」が「良い景観」に見えるように、景観のカテゴリーを増やした上で「修景」を施す。あるいは新たな事態に対応できるように、景観の枠組み自体を修正し、進化させていこうという考え方。

もうひとつは、「悪い景観」の中の悪いとされている要素に対し、従来の景観の枠内に持ち込んで処理せずに、「見立て」によって直接、価値を発見していこうという考え方だ。

前者がテクノスケープであり、後者がドボク・エンタテインメントであると、断言するわけではない。またここで性急な結論を出すべきとも、出せる立場にあるとも思っていない。しかし少なくとも個人的には、ドボク的な見え方というのは、風景や景観という枠組みの中に格納して、その中で理解されるようなものではないのではないか、と考えている。

2.「リサーチ・エンタテインメント」は新たな表象行為なのか?

ドボク・エンタテイナーの行動プロセスを分析する

ここまでの考察で、ドボク・エンタテインメントとはどのようなものであるか、見えてきたと思う。次に、ドボク・エンタテインメントはどのように行われるものなのか、その中に何か面白い特性があらわれていないかを探ってみたい。

ドボク・エンタテインメントという行為を一般化すると、「リサーチ・エンタテインメント」になる。リサーチ・エンタテインメントはわたしの造語なので、申し訳ないが辞書を引いても載ってない。文字どおりリサーチは研究、エンタテインメントは娯楽、演芸の類である。一般にこの行為は直接結び付くものではない。むしろ対極的な位置関係にあるとみなされている。しかしドボク・エンタテイナーの活動には、この要素が矛盾なく共存しているのを見ることができるのだ。ここではデザイン情報学の見地から、ドボク・エンタテイナーたちの行動を読み解き、リサーチ・エンタテインメントという表象行為の、典型的なプロセスを浮上させてみたい。

気づく

冒頭に挙げたドボク・エンタテインメント写真集の中でも、ドボク・エンタテイナーたちはそれぞれの対象についての出会い、発見を語っている。ここではいちいち紹介しないが、「なぜそんなものを撮るようになったのか」という質問は常套的に発せられるものであることから、その発見についての関心は一般に高く、話題としても興味が尽きない。発見は一般にはセレンディピ

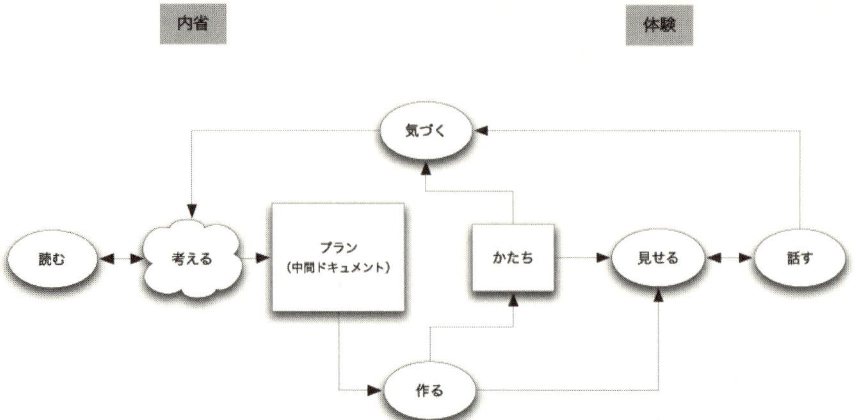

ヒューリスティック・サーキット
(今泉洋)

ティという能力を必要とし、また僥倖のひとつであると思われがちだが、土木構造物の面白さの発見は、偶然性もさることながら、実は繰り返しのサーキット型プロセスの中から出現する「気づき」なのではないだろうか。今泉洋は、この気づきのシステムをヒューリスティック・サーキット(自己発見的な回路)として図式化している。これをプロセスを読み解く鍵として使ってみたい(**註6**)。

読む、考える、プラン

ドボク・エンタテイナーは、行動の前に対象をはっきりと把握していたわけではない。まず対象との偶然の出会いがあり、その後に対象の存在の背景や、分布の状況というような情報をつかもうとしたはずである。他にもないのか?もっとあるのだとすればどこに? そしてそれはなぜ? という疑問があらわれるからだ。しかし多くの場合、文献などによる事前調査がなければ、次々と対象に出会うことは期待できない。ではその事前調査について、対象ごとに具体的に見てみよう。

たとえばダムは、『ダム年鑑』(日本ダム協会)という日本国内のダムの総覧が刊行されていたりするように、所在の情報は比較的たやすく手にすることができる。このためもあってか、ダムは単なる位置情報の収集から一歩進んで、その形式や機能、設置の背景などといった、より詳しい情報がはじめから問題にされていたようだ。また最初に全体の量がはっきりしてしまうことから、コンプリート(全ダム制覇)したくなるような、ゲーム性すら発生したのではないだろうか。

工場の場合、単独の工場よりはむしろ工業地

註 6 WSEA（Web Site Expert Academia）、第6回Webデザインにも「心地良い裏切り」を—non-intentional communication design—（その2）（今泉洋インタビュー）http://gihyo.jp/design/serial/01/wsea/0006

帯・工業地域という面での捉え方がされている。このためそれぞれのエリアの、またはエリア内における業種の分布（製鉄なのか化学なのか、など）を知ることが重要な事前調査となる。しかし工場は周囲に塀や樹木をめぐらしていることも多く、事前にターゲットエリアを確定しても、それを見る／撮影することのできる「視点場」が確保できるかどうかは現地に行ってみなければわからない。

団地にはすべてを網羅した総覧のようなものは存在していないが、設置・管理主体ごとのまとまった情報はそれぞれに入手可能と考えられる。しかしどこまでを団地とみなすのか、もともとその基準を明確にしていないために全体像の把握は難しい。このため何らかのサブ基準を設定することによって対象領域を明確化する試みが行われてきた。

ジャンクションについては、高速道路の分岐点がどこにあるのかわかれば位置は特定できるので、高速道路の路線図と道路地図によって情報の入手は容易である。しかし特に都市高速の場合、構造が複雑に三次元化（高架、地下）しており、地図があってもすべてが事前にわかるというわけではない。

これらに対し、一般の地図にほとんど記載されていないために場所の確定が難しいのが、鉄塔と水門であり、小縮尺の地形図（国土地理院）による事前調査が必要になる。都市部であれば1万分の1地形図、それ以外の場所では2万5千分の1地形図に、これらの所在の情報が記載されていることが期待できる。

もっとも鉄塔は、現地を踏査し「鉄塔マップを作ること＝システムの解読」が主たる行為であるという面もある。鉄塔の長谷川秀記によれば、事前に電力会社に位置情報などを聞き出すことは、その解読の楽しみをスポイルすることになるらしい。もっともどこかひとつの鉄塔に取り付いてしまえば、あとはそれをたどることによって芋づる式に踏査は可能である。長谷川の場合、地図はむしろその記録のために利用されている。

水門の場合も鉄塔と事情は似ている。鉄塔ほど目立たないものの、河川に到達すれば水門を見つけ出すのはそれほど難しいことではない。国土交通省や都道府県などの河川管理主体が位置情報を持っているが、それを事前に聞き出すことはシステム解読の楽しさを損なう。しかし河川のあらゆる部分に水門があるわけではなく、設置の背景を理解しないと存在の予測はできない。このため初歩的な河川工学の知識が必要になる。

いずれにせよ、これらの情報の多くはガイドブックのようなすぐに使える形で提示されているわけではない。ドボク・エンタテイナーはそれを読み解き、どのようにアプローチするかを考えて、現地踏査のプランを練ることになる。

作る

ヒューリスティック・サーキットの各段階は汎用性を考えて命名されているので、〈作る〉はこの場合、現地踏査と撮影、というように読み替えることにする。工場のところでも述べたように、どんなに事前調査をしたところで、それを実際に見る／撮影することができるかどうかは、現地に行ってみなければわからない。まずこのための移動手段について考えてみよう。

まず対象の多くが人跡の稀な山岳地帯に点在するダムの場合、公共交通機関でのアプローチは現実的ではなく、自家用車（四輪、二輪）は必須の手段であると考えられる。山越えの鉄塔などもこのケースに当たる。

これに対して都市部の場合、自家用車よりも小回りの利く移動手段が有利であり、公共交通機関と徒歩、あるいは自転車という手段となる。特に対象が線的（鉄塔、ジャンクション、水門）に、あるいは面的（工場、団地）に存在している場合、それを踏査する際の移動手段は対象に密着して微小な移動を繰り返すことのできるもの、つまり自転車や徒歩のほうが、発見の密度

註7　飯沢耕太郎『デジグラフィ―デジタルは写真を殺すのか？』中央公論新社、2004年（p.136）

を上げることが期待できるはずである。

次に撮影について考えてみよう。以前フィルムカメラを使っていて、デジタルカメラに持ち替えた人は、このような感覚の変化を体験したことがあるのではないだろうか。今まで撮らなかったものまで、とりあえず撮ってみる気になる。撮れたものが面白くなかったら消せばいいや…。この感覚の変化は、飯沢耕太郎が「消去性」として挙げた、デジタルイメージの特質のひとつに由来する。

「デジタルカメラの液晶モニターの画像は、もし気に入らなければその場で消去することができる。今まで目の前にありありと見えていた画像が、一瞬のうちに跡形もなく消え失せてしまう。一見見過ごされがちだが、このことはデジタルカメラの撮影者の心理に、文字通り「決定的」な影響を及ぼしているのではないだろうか。」（註7）

デジタル写真はその消去性により、撮影がトライアンドエラー的になった。釣りをする人を見ていると、小魚がかかると水に返してしまうことがあるが、何となくその感覚に似ている。つまり、撮った後で必要性を判断するような撮り方が許容されるようになったのである。

撮ったものが物質として強力に残ってしまうフィルム写真と比べて、撮影の行為が大きく変わっているのだ。その結果、フィルム時代には撮らなかったようなものの中にも面白さが発見されることになる。わたしたちはまだその渦中にいるので気づきにくいのだが、写真がデジタル化したことにより、撮影される対象の領域や種類はどんどん拡大しているはずである。デジタル時代になってからあらわれたドボクは、その拡張のひとつの例であるとも考えられる。

かたち

写真のデジタル化によって、大量のイメージを比較し、分類することが容易になった。これは飯沢によると「蓄積性」という特質である。しかしそれよりも何よりも、単純に「並べてみたら凄かった」という感覚があるのではないだろうか。この場合もデジタル化は、画像ブラウザやスライドショーなどの機能で、その感覚を加速するものと考えられる。そして長山靖生によれば、量こそが知を導き出すのだという。

「集めていくうちに、集まったものから自分の考えを教えられ、考えをまとめていく方向性を示されるということが、しばしばあるのではないだろうか。自分でも目的が分からない単なる好奇心から、人はものを集めはじめる。だが、いつしか集まったモノは言葉となり文脈となって、人を叡知へと導いていく。自分でもはっきり分からなかった好奇心の正体が、叡知へと結晶化していく。」（註8）

この、量が知を導く理論から考えても、〈かたち〉を形成していくプロセスを通して対象の本質的な部分に気づくという流れには必然性がある。調べては撮り、撮っては並べを繰り返しているうちに、テーマが何であるのか、はっきりと自覚できるようになるのだ。

さらなる〈かたち〉の形成の段階として、着目点の明確化がなされる。主に形状による分類が行われ、これにアナロジカルなキーワードが付与されたりする。団地における「おでき」、鉄塔における「ドラキュラ」などの呼称がこれに当たる。この日常語を用いた親しみやすい「見立て」こそが、一般の人々との間の意識の架橋となり、エンタテインメント性を促すことにもつながっている。

見せる、話す

ドボク・エンタテイナーたちは必ずウェブサイトやブログ、SNSを利用して情報を提供している。というより、これらの新しい双方向メディアの進化と歩を同じくしてリサーチ・エンタテインメントが成長してきた、と見る方が自然であろう。その目的は、ひとことでくくれば情報の共有化である。集まって〈かたち〉を成しつつあるものを公開することによって、自分の発見を宣言し、さらにそれを他者と共有することによって、その発見の強度が増すことになる。

「こんなものを好きになってもいいんだ！」というような、あるいは「わたしもこれが好きだったんだ！ということに気がついたよ」というような、

註 8 長山靖生「なぜ量は叡知であるのか」『おたくの本懐「集める」ことの叡知と冒険』ちくま文庫、2005 年(p.22)

まるでカミングアウトのような反応を伴いながらドボクの情報は広まっていく。そして賛同者との連携をきっかけにドボクの情報がネット上で交換されはじめる。〈見せる〉〈話す〉プロセスを通して、さらなる気付きが生まれることもある。また近年急発展を遂げているGoogle Mapsのようなオンライン地図サービスを利用した情報の共有は、賛同者の事前調査のためのコストを大きく下げることになっている。

はじめはドボク・エンタテイナーやその賛同者といったファン側からの情報だけであったものが、ファンの存在によって設置主体側の姿勢も変化し、それまで一般には流布しなかった内部情報までが、公開されるようになってきた。これは従来の市民オンブズマンによる敵対的な情報開示要求とは違った方向で、土木構造物の設置主体側に対し情報公開を促す力になっている。もっともこの効果ははじめから意図したものではないので、副作用のような現象であるのかもしれない。

そしてネットで培われた情報が、紙メディアへ流入した。初期の賛同者の多くはネットのヘビーユーザであったのに対し、冒頭で述べたように入手しやすいスタイルの写真集の刊行によって、ドボク・エンタテイナーは一般への認知度を大きく上げることになった。これも実はデジタル化による製版コストの低下により、廉価版写真集が作りやすくなっていたという伏線があったのだ。

単なるマニアとはどこが違うのか

ドボク・エンタテイナーは、もちろんその道のマニアであることは間違いないのであるが、彼らは従来型のマニアであるということだけでは済まない、何か別の方向性を持っているように見える。それは一体何なのだろうか。

一般にマニアの特性として、閉じた趣味空間を形成し、その内部だけで情報を共有したり価値づけを行ったりするものと見られている。この傾向は、マニアと言うより狭義のオタクと呼ばれる行動特性に顕著なものである。それに対してドボク・エンタテイナーはまるでオタク的でない、外向きのベクトルを行使している。開かれたイベント(○○ナイト、○○ツアーなど)の開催、各種マス・メディアへの積極的な露出、美術作品としてのギャラリー展示などの活動を通し、自分たちの空間が閉じてしまわないようなバランスを常に取り続けているものと考えられる。

またドボク・エンタテイナーたちにしばしば見られる、あるレトリックや行動様式にも注目したい。それはいわゆる「デイリーポータルZ」スタイルとも言うべきものである。デイリーポータルZは、ニフティ株式会社が運営するインターネットサービスプロバイダ、@niftyのコンテンツであり、2002年から毎日、記事が更新されている。ちなみに団地・ジャンクションの大山顕と、ダムの萩原雅紀はデイリーポータルZのレギュラーライターである。その仕掛け人である林雄司によると、「デイリーポータルZ」は言わば「日常のディスカバリーチャンネル」であるらしい。「ディスカバリーチャンネル」は地球規模で非日常の光景を見せてくれる大仕掛けで「ハレ」の行為であるのだが、その視線の温度を維持したまま、対象だけを日常の生活空間領域までスケールダウンしたときにあらわれる心理的ギャップの発生こそが、「デイリーポータルZ」の基本構造である。視線(=こころざし)と対象の遠近バランスが崩れたところに生まれる「脱力感」が笑いとなり、それが回り回って批評性につながり、多くの人を引きつけているのだ(註9)。

「デイリーポータルZ」スタイルは、ネット上で発達したサブカルチャーの基本スタイルとなって、そのサイトの外にもじわじわと浸透している。そして人が注目しないこと(取るに足らないこと、日常すぎること)を徹底的に調査研究し、熱を込めて発表するという行為がエンタテインメント価値を持つことを実証している。そのスタイルはネットを基盤として活動してきたドボク・エンタテイナーにも流入しており、そのことが単なるマニアとの間に一線を画すことになっている。「デイリーポータルZ」スタイルは、いわばリサーチ・エンタテインメントの標準OS(オペレーティング・システム)のような働きをしているのではないか。

註9 「ネット上の読者参加型マンガ『デイリーポータルZ』」(林雄司インタビュー) http://www.innovative.jp/interview/2007/0307.php

註10 岡田昌彰『テクノスケープ　同化と異化の景観論』鹿島出版会、2003年(p.15)

3.鑑賞者の果たす役割とは?

鑑賞者がつくる価値

岡田昌彰によれば、テクノスケープとは「見る側」の立場に偏った価値感によって成り立つものであるという。

> **「そもそもテクノスケープには、「設計者」の美的な意図はハナから皆無であるものがほとんどだからである。もちろんいくつか例外もあるが、作った人は最初から「美しく見せよう」「評価されるような景観を作り出そう」などということを考えているわけでは全然ないのだ。」(註10)**

つまり多くの土木構造物や土木的な建築は、外観の視覚的価値が宙吊り状態のまま、世にあらわれるのである。ではそれに対し価値を定めていくのはいったい誰なのか。この問題を考えたとき、はじめて価値形成者としての「見る側」という立場が浮上してくる。そしてそれを特に意識して行う者として、ドボク・エンタテイナーのような鑑賞者という立場も、はっきりしてくるのだ。鑑賞をキーワードとして少し過去に遡ってみれば、ドボク・エンタテイナーと近い位相にあるムーブメントとしては、赤瀬川原平らによる路上観察学があることに思い当たるだろう。その中から、ここでは路上観察学の構成要素のひとつである「トマソン」と呼ばれる概念を借りてこよう。ひとことで言えば、意図的でなく発生したものや状態を芸術作品に見立てるのがトマソンである。

> **「たぶん何でもないのだろう。その場所の郵便受けがいらなくなって、しかし穴が開きっぱなしというのも何なので、いちおうコンクリートで塞ぎましょうと、庇の出っ張りはトンカチで欠くの大変だから、大して邪魔じゃないしまあ残しておきましょうと、たぶんそういうことだ。そこには当然ながら「超芸術作家」の意識はなくて、その人は超芸術の無意識的な工作者にすぎない。だからその時点ではまだ超芸術としての価値は生まれていない。その価値を創るのが発見者である。つまり鑑**

賞者の私たちだ。私たちがその物件を見てそこに超芸術の構造を発見することで、その無名な工作者は時間をさかのぼって無意識の超芸術作家となるのである。
芸術作品を見るにはその鑑賞者の創造力が必要だというが、その関係がこれほど明確に、物理的に示された例はないのではないか。」（註11）

ちょっと長い引用で恐縮だが、ここに建築物に付随する何らかの無用物が、鑑賞者による発見を経て、その無用性ゆえに超芸術作品という新たな価値を持つようになる手続きが示されている。
工作者がもしも芸術的価値を作り出すことを目的として工作するのであれば、工作者は作家であり作られたものは芸術作品となる。しかし工作者がまったく芸術性を意図せずに作り出したものに対し、鑑賞者が芸術的価値を見い出した場合、作られたものは超芸術作品に変化する、というのが赤瀬川によるトマソン理論である。
トマソンは、鑑賞者が介在することによって対象の価値が反転することを強く示唆している。ドボク・エンタテイナーの存在にもし社会的な有用性というものを見ようとすれば、このような鑑賞者の重要な役割にこそ着目せざるを得ないのだ。鑑賞とは、思いがけない強い力を持つ行為なのではないだろうか。

鑑賞者は傍観者ではない

土木構造物や土木的な建築にまつわる鑑賞者の立ち位置を、あらためて考えてみよう。ここでは次のような4つの立場を仮定する。

① 工事・管理主体
② 地域住民
③ 関係者、有識者（第三者）
④ 鑑賞者

工事・管理主体と当該地域の住民は、互いに利益を享受したり不利益を被ったりする当事者である。第三者は、原則としてそのどちらの側にも立たず、何らかの問題発生時に公平性の導入のために要請される関係者であるだろう。では鑑賞者というのはどこに立っているのか。鑑賞者はその利害空間には全く関係のない存在

註11　尾辻克彦・赤瀬川原平『東京路上探検記』新潮文庫、1989年（p.14）

であり、存在を要請されてもいないので、第三者ではないと考えたほうがよさそうだ。つまりいてもいなくとも利害空間の状態に影響がないような、どうでもいいような存在である。場合によっては邪魔な傍観者とみなされてきたが、それはこの構造からも明らかである。

しかし、それが逆に強みとなる。利害空間における一次的な価値に対し、鑑賞者が発見する二次的価値はだいたいそれとは無関係なものだ。もっと積極的な言い方をすると、有用物である土木構造物に対してすら、トマソン的な別の価値を発見することができるのがドボク・エンタテイナーなのである。

この鑑賞者の立ち位置の独立性を意識するのは大切なことだ。当事者や関係者との立場の違いを曖昧にしてしまうと、たちまち「鑑賞者マジック」が解けて、カボチャの馬車があらわれるようなことになるので注意したい。

さて、そのドボク・エンタテイナーのふるまいによって、何かいいことがあるのだろうか。もちろんあると考えたい。それはスケールを変えたり、別の切り口で見ることによる、広い視野を持った批評性の獲得なのだ。利害空間の外側に視座を置くことにより、その土木構造物の実用的な意味を脱臼させ、別の見方を導き出す。それによって多くの人の目が集まり、開かれた場での価値判断が行われる可能性につながるのだ。

近年、話題となった「美しい景観を創る会」だが、基本的に、景観を良い悪いで二分する判断には、背後に何か超越的な価値観があるように見える。価値感の多様化した現代にあっては、多くの賛同が得られるはずもなく、活動も終息してしまったようだ。これに対してドボク・エンタテイナーは、むしろ「悪い景観」と呼ばれるものの中にこそ、現代日本的でオリジナルな、言わばジャパンクールな景観が露呈していることを、積極的に例証して見せていると考えることができる。

鑑賞者のストラテジー

土木のプロフェショナルの話を聞く機会があるのだが、そのたびにあることに気づかされる。かつての高度成長期に全国一律に建てられた標準規格の構造物（それは美しく見せようという意図が皆無である）という存在についてはこれを反省する、という姿勢が強く感じられるのだ。個人的には高度成長期の標準規格の構造物は、美しく見せようとする意図がないからこそ美しい、とすら思っているのだけれど。

標準規格を脱し、各地の自然景観や歴史的人工景観に合わせた調和型の構造物を作り上げるというのが、現在の土木プロフェショナルの価値感である。それに対して鑑賞者や素人は、調和性よりもむしろ構造物の「突出した迫力」から土木やインフラの存在に興味を持つのだ。そこに大きな意識のズレが存在しているのではないだろうか。

もちろん技術の進化によって、既存環境に調和する構造物は、調和することによってその機能性を低下させたりすることはない。小さくなったり高さが抑えられたりしても、機能は同じ、あるいは逆に向上していたりする。それは納得できるし、そのこと自体を批判するつもりはない。やり方次第では素晴らしい構造物ができ上がる例も見ている。しかしここに落とし穴があることには、やはり注意しておかなければならないと思う。

たとえば調和することが新しい工事の目的にすり替えられてしまうことはないのだろうか。五十嵐太郎は日本橋上の首都高速道路移設問題を取り上げ、次のように指摘する。

「解体だけでなく、道路の新設が前提になっている。立派なハコモノ事業である。無駄な公共事業はさんざん批判されてきたから、今度は美という名目のもとに日本改造を行うわけだ。首都高速移設は、モノが増えるのではなく、視界からモノが消えるために、お金がかかってないような印象を受ける。しかし「正義」の味方は、おそろしい金食い怪獣だ。試算によれば、首都高速移転の総工費は、およそ五〇〇〇億円になるという。タダではない。国民一人当たり数千円を負担する。道路の消去ではなく、消去を偽装するれっきとした工事なのだ。」（註12）

あるいはすべての土木構築物が、環境に強く調和、あるいは同化するあまり、見えなくなって

註 12　五十嵐太郎「日本橋上の首都高速移設を疑う」『美しい都市・醜い都市』中公新書ラクレ、2006年（p.60）

しまうようなことはないのだろうか。何でも地下に埋設し、素人に土木の存在を気づかせないほどに構造物を「ステルス化」してしまってもよいのだろうか。見えないものは関心を持たれない。つまりどれだけ高度な施策が行われていようと、それが意識されなければ存在しないに等しい。存在を知らないことは危険ですらある。作る側は勝手に作り、使う側は何も知らされずに使ってしまっている、という構造が果たして幸福な生活のあり方なのだろうか。現在、そういう方向へ向かってはいないだろうか。

ひとびとは自分たちの生活の基盤を支えているインフラストラクチャーが気になる。それを意識したい。見たい。それなのに作る側は構造物を見えないように作り替えようとしている。ドボク・エンタテイナーは、見えなくなりそうなものがちゃんと見えるように、必死で見ているのではないだろうか。大山顕の言う「見究」である。

ここへ来て、なぜドボク・エンタテイナーがあらわれたのか、冒頭で挙げた写真集に人々の関心が集まるのか、その理由がはっきりと見えてくるような気がするのである。

それでも「浮かれた鑑賞者」であり続けること

実はサミット後半、討論の最後に会場から意見をもらおうと予定していたのだが、大幅な時間超過がそれを許さなかった。そのため、前述のアンケートの自由記入欄に意見を記入してもらった。事前に許可をもらっていないため、そのまま紹介することはできないのが残念である。そこに何人かの方が、あまり鑑賞者の役割などを考えず、浮かれたまま、その熱意で流れを作っていってほしい、というような意見を書いてくれていた。

つまり、ドボク・エンタテイナーは、鑑賞者としての役割を認識しつつも、そのことに過剰に意識的になったり、妙にシリアスになったりすることなく、面白さを維持しながら、見続ければならない、ということだ。というかそれがドボク・エンタテイナーの使命であり、この論考の結論でもある。

鑑賞は力である。

EPILOGUE

正直に言おう。わたしは水門にはとても興味があるが、ダムや工場や団地やジャンクションや鉄塔には、それほど強い興味はない。その証拠に、水門を見に行くついでに鉄塔を見たり、ジャンクションに寄ったりすることはよくあるが、その逆はない。あくまで興味の中心に来るのは水門だけだ。おそらく、ダムが好きな人たちはダムが中心に来るし、工場が好きな人たちは工場が中心に来るし……というような構造になっているはず。好きなものにしか興味が湧かないよ、というのはおたがいさまなのである。

でもわたしは、ダムや工場や団地やジャンクションや鉄塔が「好きだ」という人たちには、とても興味がある。団地そのものよりも、鉄塔そのものよりも、それが好きな人たちのふるまいを見ることに、よりおもしろさを感じる。きっと団地が好きな人は、鉄塔が好きな人のふるまいをおもしろく感じ、工場が好きな人はダムが好きな人の言動をおもしろがって…というような関係ができているはずだ。
なぜそんなことになるのか。ふと鏡に映った自分の姿を見て、照れ笑いをしているようなものなのか。あるいは隣の芝生が青く見えたり、隣の皿のほうが料理の盛りが多く見えたりする、あのふしぎな現象と関係があるのかもしれない。他人のマニアなふるまいの中に、自分と似ている傾向を見つけることが、なぜこれほど興味深いことなのか。わたしは心理学者ではないので、その原因などはよくわからない。

心理学的に何が起きているのかよくわからないまま、その興味の鏡像的な交錯によってできあがった混沌状態が、一気に結晶化するようなことが起きた。2008年の春のことだ。
日本放送協会の衛星第二チャンネルというのが、「BS熱中夜話」という放送枠で、ダムや工場や団地やジャンクションや鉄塔や水門が好きな人たちを駆り集め、一気呵成に番組に仕立ててしまった。いま思うと、鉈で木をぶち割るような、ずいぶん豪快な作り方だったなあと思うが、とにかくそこに駆り集められてしまったわたしたちが、結晶化した関係をもういちど確かめてみたくなり、自主的に集会を催したのが、今回ご紹介する『ドボク・サミット』なのである。

さて、そのサミット自体は大成功であった。学内で二番目に広い大講義室は満員御礼。絶対に予定の時間内に終わるはずがないと予言されていたが、やっぱりそのとおりになった。制御不能なイベントで剣呑であるとの予想や、どうやって終わらせるつもりかという懸念も聞かれたが、興奮した参加者が一部で暴徒化したりなどせず、平穏無事に終わったのはもっけの幸いであった。とにかく自分がそれほど興味がない対象であっても、それを熱っぽく語る人の話は盛り上がるもので、その日は6つのドボク・アイテムのプレゼンテーションの花が、それは見事に乱れ咲いたのであった。めでたしめでたし。

一方その頃、サミット議長国の首脳であるわたしはちょっと苦悩していた。むやみに人を集め、いやしくも大学のイベントにしてしまった以上、楽しかったねーまたやろうねー、などというような小学生レベルの終わらせ方では各方面に納得してもらえまい。報告書にしたほうがいいよなどと親切心から余計なことを言ってくれる人などもいて、これはやはり、サミットの内容を何らかの形でとりまとめ、世に送り出す必要があると思われた。そこで直属出版機関である大学出版局と連絡を取り、ひそかに書物化の可能性などを打診していたのである。
しかし、当日の偽らざる実感としては、イベントとしてはとてつもなくおもしろかったけど、これは本にはならんなあ、であった。出版局の編集者ハムコさんも、出版のプロとして同じ感想を持っていた。ということでその場はお開き。出版はまたの機会に、という気分でその日はビールなど飲んで終わった。

ところが、何がどのように作用したものか、大学出版局の最高幹部会議はドボク・サミットの出版企画を裁可してしまった。おいおい本当か。こんなものを本にして大丈夫なのだろうか。まるで人ごとのような感想が頭をよぎったものの、今さらやっぱりやめますとも言えない。とりあえずとばかり、当日のプレゼンとシンポジウムのテープ起こしをしてもらったところ…これが悪くないのである。
当日はゲラゲラ笑ってばかりいたせいか、とてつもなく楽しかった、という印象しか残らなかったのであるが、文字にしてみると、みんなすごくまともなことを言っていた。笑いでカモフラージュされた、未来へのメッセージの原石みたいなものが、そこにはあった。いかん。これは流せない。ちゃんと本にして世に送り出さねば、あの日たしかに降臨したドボクの神様に、申し訳が立たない。

夏の間、いろんな人を巻き込んでしまった結果、気がついた時には著者が11人にもなってしまっており、原稿のやり取りは煩雑をきわめた。レイアウトを組んでもらったのだけど、どうもしっくり行かない。何かが足りない。
作業は一進一退を繰り返しつつ、途中で三度ぐらいは落とし穴に落ちており、普通だったらこの企画は確実に頓挫したものと思われる。ドボクの神様のご加護はどこへ行ってしまったのか。季節はいつしか秋になっていた。

10月の下旬、ある日の昼下がりのことである。ハムコさんとわたしは銀座のビルの一室にいた。売れっ子デザイナーY藤B平さんの事務所「B平銀座」である。B平さんはマインド・オブ・ドボク・サミットの核心の部分を、ほんの数分でつかまえてくれたらしく、なんだか楽しそうにしていた。しかもお願いした装丁のみならず、中のデザインまでやりたいと言ってくれたのである。ハムコさんとわたしは顔を見合わせた。B平さんのお尻にしっぽが生えていないことを急いで確認してから、ぜひお願いしたい！とお願いした。ドボク・ジグソーパズルの最後のピースが、ぱちっとはまり込んだ瞬間だった。

しかしそれは、本の構成をゼロからやり直すことを意味するのだ。すでに12月発売が決定しており、出版局にはバドンさんデザインの「初回限定のドボクTシャツ」が山積みになっていた。「プロジェクトX」のテーマが鳴り響きそうな状況だった。
結局、発売は翌年4月に延期。この件についてドボク的な見地から言い訳しておくと、異常出水等による工期の遅れ、などではなく、ルート見直しに伴う全面的な設計変更が行われたための、意義ある遅れなのだ。

言うまでもないことだが、ドボクはインフラストラクチャーである。この本が「紙でできたインフラストラクチャー」となってくれることを祈りつつ、ご協力いただいたみなさんに心からお礼を言いたい。

2009年3月吉日
ドボク・サミット議長　佐藤淳一

PROFILE

萩原雅紀

1974年東京都生まれ。20代半ばに突然ダムに取り憑かれ、ホームページ「ダムサイト」を制作。DVD「ザ・ダム」（アルバトロス）監修、出演。写真集『ダム』『ダム2』撮影、執筆（メディアファクトリー）。今後の目標はダムのフィギュアと地図記号を作ること。

佐藤淳一

1963年宮城県生まれ。写真作家。別名水門写真家。ウェブサイト「Floodgates［水門］」管理人。2007年、ビー・エヌ・エヌ新社より写真集『恋する水門』を上梓。好きな動物はカワウソ。武蔵野美術大学デザイン情報学科教授。

大山 顕

1972年生まれ。団地サイト「住宅都市整理公団」総裁。ニフティ「デイリーポータルZ」の連載ほか、NHK-BS「熱中時間」のレギュラーもつとめる。主な著書は『工場萌え』『工場萌えF』(石井哲と共著)、『団地の見究』（東京書籍）、『ジャンクション』（メディアファクトリー）など。

石川 初

1964年京都府生まれ。GPS地上絵師。代表作は「武蔵野アヒル」「ポーク光が丘」など。関東学院大学、千葉大学非常勤講師。登録ランドスケープアーキテクト（RLA）。所属団体は、東京ピクニッククラブ、東京スリバチ学会、瀝青会など。

石井 哲

1967年大阪府生まれ。工場鑑賞家。工場景観紹介ブログ「工場萌えな日々」管理人。mixiにて参加者16,000人を数える工場コミュニティ「工場・コンビナートに萌える会」主宰。主な著書に、工場鑑賞ガイド『工場萌え』『工場萌えF』がある（大山顕との共著、東京書籍)。DVD「工場萌えな日々」シリーズ監修。

御代田和弘

1971年東京都生まれ。4FRAMES代表。河川空間・水門・ダムのデザイン、まちづくり・集落再生のプランニング、製品開発・展示会のディレクション等に従事。横浜美術館塾2008年度後期「デザインのチカラ」講師。土木の魅力や可能性を世の中に発信するグループ「TOKYO DOBOKU SOCIETY」「laud」を主宰。

長谷川秀記

1950年東京都生まれ。電子出版業。首都圏を中心とした鉄塔散歩を趣味とし、つながっている送電線を見ると、その先に行きたくなる性癖を持つ。ブログ「毎日送電線」をつづる。『東京鉄塔』は詩集として2007年に自由国民社から刊行。

ドボク・サミット

2009年4月20日 初版第1刷発行

編　者　ドボク・サミット実行委員会

著　者　佐藤淳一
萩原雅紀　大山 顕　石井 哲　長谷川秀記
石川 初　御代田和弘

編集・制作　株式会社 武蔵野美術大学出版局
ブックデザイン　寄藤文平　北谷彩夏　土谷未央　坂野達也

[Special Thanks]
FRONTIER　松村静吾　八馬 智　杉浦貴美子　バドン
ドボク・サミット運営協力　武蔵野美術大学デザイン情報学科研究室
木谷 篤　星野耕史
ドボくんキャラクターデザイン　バドン（マニアパレル）

発行人　小石新八
発行所　株式会社 武蔵野美術大学出版局
〒180-8566 東京都武蔵野市吉祥寺東町3-3-7
電話 0422-23-0810（営業）　0422-22-8580（編集）
印刷・製本　図書印刷 株式会社

ISBN978-4-901631-82-2 C3050